日本人フードストーリー

吃吃的爱

日本历史名人的美食物语

神奈川 著

STORIES OF
JANPANESE HISTORICAL
FIGURES AND FOOD

SPM
南方出版传媒
广东人民出版社
·广州·

图书在版编目（CIP）数据

吃吃的爱 / 神奈川著 . —广州 : 广东人民出版社，2019.4
ISBN 978-7-218-13317-1

Ⅰ.①吃… Ⅱ.①神… Ⅲ.①饮食—文化—日本—通
俗读物 Ⅳ.① TS971.203.13-49

中国版本图书馆 CIP 数据核字 (2018) 第 292876 号

CHICHIDE AI
吃吃的爱

神奈川 著

出 版 人：肖风华
策 划 方：时光机图书工作室
责任编辑：钱飞遥　刘奎
责任技编：周杰　吴彦斌
出版发行：广东人民出版社
地　　址：广州市大沙头四马路 10 号（邮政编码：510102）
电　　话：（020）83798714（总编室）
传　　真：（020）83780199
网　　址：http://www.gdpph.com
印　　刷：恒美印务（广州）有限公司
开　　本：890 毫米 ×1240 毫米　1/32
印　　张：8.75　　　字　　数：170 千
版　　次：2019 年 4 月第 1 版　2019 年 4 月第 1 次印刷
定　　价：58.00 元

如发现印装质量问题，影响阅读，请与出版社（020-83795749）联系调换。
售书热线：（020）83795240　　邮购：（020）83781421

目 录

平安时代

794 年—1185 年

公元794年，饱受怨灵困扰的桓武天皇将都城搬到了平安京，大名鼎鼎的平安时代从此拉开帷幕。平安时代贵族文化全面开花，贵族们吃穿住用都有讲究，从当时流传下来的《源氏物语》《枕草子》我们能略窥一二。

有身份的贵族住在名叫"寝殿造"的豪宅里，宽敞自不必说，园子里还挖池塘做景观。男性贵族大都是政治家或公务员，要去宫里或政府机关上班，不过他们绝不是工作狂。早上7点左右出门，工作4小时就下班，之后或睡睡午觉，或忙忙闲事。贵族看重优雅，咏和歌、蹴鞠、品香等活动都是比工作还重要的大事，至少要擅长一样，不然别说找不到意中人，还会被上司和同事看不起。

女性贵族不用上班，基本大门不出二门不迈，有充足的闲暇时间。她们受过良好教育，咏和歌不在话下，有些佼佼者还通汉学。紫式部和清少纳言都是平安女贵族中的文青，幸亏有她们留下作品，作为后人的我们才知道，平安贵族原来过着那么"不务正业"的生活。

平安贵族们住着寝殿造，男性戴高高的乌帽子，穿文官束带；女性有五光十色的十二单穿。饮食用现代眼光看不太丰富，但也有白米鱼虾。庶民们就惨了些，一般住着从地面挖下去的竖穴式房子，穿戴也是麻布的简单上下装，野菜杂粮能吃饱就谢天谢地。热爱平安时代的朋友，如果要穿越，可千万要去贵族家啊！

紫式部与椿饼
紫式部と椿餅

人物小传：紫式部

平安时代知名女文青、高级公务员。本姓藤原，父亲为贵族出身的学者，紫式部从小耳濡目染，是远近知名的"学霸"。成年后出嫁生女，丈夫早亡，为打发时间，开始创作宫廷背景的长篇爱情小说《源氏物语》。数年后，当权派政治家藤原道长请紫式部出山，进宫侍奉自家女儿、一条天皇的中宫彰子。紫式部工作之余继续创作《源氏物语》，宫里有不少人都爱看，连藤原道长都经常催她更新！

紫式部是有名的才女，活跃于 1000 多年前的平安中期，那是"王朝文化"最繁盛的时候。她是侍奉中宫彰子的女官，闲暇时写作，数年写出长篇巨著《源氏物语》。该书是以男主角光源氏为中心的爱情小说，人物描写纤毫毕现，也真切还原了贵族的生活场景。

《源氏物语》的《若菜》上卷有个意味深长的情节：三月某日，

光源氏在豪宅六条院举办"蹴鞠会"。庭院植着樱树，花瓣飘落如雪，公卿们在树下玩得不亦乐乎。名叫柏木的青年公卿悄悄走到一边，有意无意打量正对庭院的房间。正巧一只唐猫从房里窜出，门帘卷了起来，柏木瞥见了房中的女三宫。女三宫是朱雀帝的爱女，择婿时柏木曾是候选人之一，可惜被光源氏拔了头筹。柏木自叹无缘，不曾想在此处又见芳容。

蹴鞠会结束，光源氏备了吃食招待，除了佐酒的干鱼，还有蜜柑、梨子和椿饼。公卿们边谈边吃，只有柏木看着满地落樱发呆，椿饼吃在嘴里木木的，一颗心早系在女三宫身上。

椿饼是历史悠久的吃食。在 1400 多年前的飞鸟时代，遣唐使从唐带回 8 种唐果子和 14 种果饼，椿饼就是其中之一。《源氏物语》写了公卿吃椿饼的场景，未细说椿饼是什么模样。成书于 14 世纪的《源氏物语》注解书《河海抄》明确写到，椿饼是高级公卿的专享甜食，糯米粉制，甘葛调味，因用椿叶装饰，所以得了椿饼的名字。

"椿"是深受日本人喜爱的植物，与中国的山茶花同科。日本四季分明，冬来草木尽凋，姹紫嫣红的庭园也萧瑟起来，只有椿叶油绿肥阔，充满勃勃生机。平安时代的厨师选出形状漂亮的椿叶，洗净晾干备用。再选糯米磨粉蒸熟，混上甘葛煎出的汁，细心握出一个个椭圆团子。完全冷却后，厨师取两枚椿叶，一枚做底，一枚做盖，将团子轻轻夹在中间。所有团子装扮完毕，再整齐排列在浅碟中，油绿叶片配雪白团子，洁净又别致。

《源氏物语》中的椿饼就是这样制成的，吃在嘴里有淡淡甜味，还有些糯米清香，只算朴素吃食。可在一千多年前，吃甜

椿餅

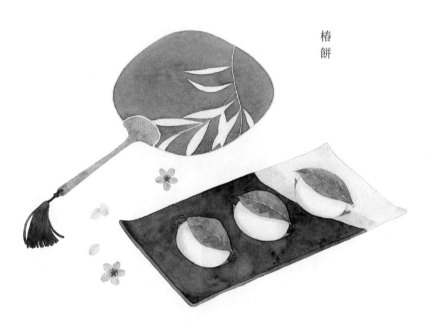

食是再奢侈不过的享受。当时砂糖全靠进口，数量稀少，仅供药用；野生蜂蜜不多，而且采集不易。做椿饼只能用甘葛，它是最重要的甜味料，若没有它，想来也没有椿饼了。

甘葛是长在深山的藤科植物，攀附在松柏等高树上，到了秋天叶子变红，就到了收获的时候。人们用刀子割下藤蔓，用力挤压一端，另一端会冒出黏稠的汁液。将汁液收起来熬煮，水分受热蒸发，锅底留下淡金色浆汁，那就是平安时代的甜味料，又名"甘葛煎"。甘葛煎比砂糖易得些，但也是公卿专享的上等品。

如今砂糖早不是贵重物，没人再劳神费力用甘葛煎汁了。2011年奈良女子大学的学生专门做了复原实验，按古籍还原古人提取甘葛煎的全过程。他们去山里砍了甘葛，依样画葫芦煮出浆汁。尝一尝甜味清淡，还有些植物香气，用仪器一测发现糖度75，已胜过一般蜂蜜的甜度。古人的智慧真是了不起。

《若菜》上卷是《源氏物语》十分重要的章节，柏木阴差阳错与女三宫重逢，爱火熊熊燃烧，但她已为人妻，丈夫又是位高权重的光源氏。公卿们喜笑颜开吃椿饼，只有柏木满心忐忑，不敢看女三宫的房间，以免被人瞧出端倪。所谓草蛇灰线，伏延千里，此处紫式部也埋了伏笔：光源氏用梨子和椿饼等款待客人，椿叶四季常绿，表示情意长久；梨子发音为"なし"，与"无""没有"同音。梨子与椿饼的搭配预示了情意再持久也是徒劳，柏木的爱终以悲剧收场——光源氏发现恋情，柏木忧惧中病亡，女三宫出家。平安时代贵族家里金尊玉贵的男女们，也有不足为外人道的烦恼。

正如和歌所吟："樱花开复谢，顷刻散如烟。"王朝文化再华美，也逐渐现出衰相，天下大乱，武士阶层崛起。镰仓、室町和江户幕府3届武人政权先后成立，随后明治维新又起，公卿武士都成为历史。数百年转眼过，椿饼却被不同时代的人们喜爱，如今仍是初春时节的和果子代表，每年2月间各大果子店均有销售。与古人相比，今人被琳琅满目的好吃食惯坏了，口味日渐刁钻，因此椿饼也有了若干改良，不复以往质朴模样。有果子匠在团子里塞入馅儿，如拌了砂糖的小豆馅、抹茶馅等；除了夹馅，匠人还加肉桂调味，糯米清香与肉桂杂合，混出新鲜奇异的香气。不过，无论怎么改，团子都会用两枚椿叶上下包裹，这是椿饼的"核心概念"，少了它就不是椿饼了。

店铺推介

老松：若寻风雅处，还是要京都。京都北野天满宫边有一家和果子老铺"老松"，每年2月提供地道的椿饼。店内还有传统的婚礼果子展示，也有和果子体验工作室。观光客可以在工作室亲手制作传统和果子，也可在专业匠人指导下制作椿饼。

地址：京都市上京区北野上七轩。

虎屋：有400年历史的和果子老铺"虎屋"每年2月1日～24日提供特制椿饼，糯米粉混合肉桂蒸熟，包裹小豆馅。

总店地址：东京都港区赤坂 4 丁目 9-22。

各大城市均有虎屋直营店，大型百货公司（三越、高岛屋、伊势丹等）和机场（成田、羽田、关西等）也有虎屋店铺。

在原业平与鹿尾菜

在原業平とひじき

人物小传：在原业平

父亲是平城天皇的皇子，母亲是桓武天皇的皇女，在原业平是名副其实的金枝玉叶。他是平安时代有名的歌人，作品平实感人，《古今和歌集》收录了不少他的作品。他也是屈指可数的花花公子，是万花丛中过，片叶不沾身的恋爱高手。

从古到今，几人不爱八卦？时时讲风雅，事事讲情调的平安贵族都有蓬勃的八卦心。细翻被称为"三大古典"之一的《伊势物语》，我们不由得惊讶：这本以恋爱为中心的短篇故事集真假杂糅，既有真实事件，也有虚构情节，虚虚实实不可捉摸，堪称八卦文学的杰作。

《伊势物语》开头写道："有这样一个男子，刚束发加冠，成了堂堂正正的大人。他在奈良都春日野有领地，便去那里打猎。"这男子是男主角"昔日某男"，姓名、身份和出生年月均不详。

平安时代 | HEIAN PERIOD

不过书里录了许多和歌，可推测男主角是第51代平城天皇之孙、名列"六歌仙""三十六歌仙"的浪荡贵公子在原业平。

和武士比起来，平安贵族少有拘谨之人，不过在原业平有些自由过头。学者菅原道真在《日本三代实录》中评价在原业平"体貌闲丽，放纵不拘"，可见他是美男子，加上举止风流。赞扬后紧跟着"略无才学，擅作倭歌"一句——平安贵族以汉文为正经学问，做和歌只是闲暇游戏，菅原道真饱读中华典籍，毫不客气地指出他汉文水平低，却不务正业地专精和歌。《古今和歌集》收了在原业平30首和歌，虽然编者纪贯之在序里说"在原中将之歌其情有余，其词不足，如萎花虽少彩而余香"，但无论如何，他在和歌领域的造诣有目共睹。

在原业平是出身皇家的贵公子，又善做风花雪月的和歌，自然在情场所向披靡。单看《伊势物语》记载，他爱上美貌姐妹，后又给独居女子送去"不起亦无眠，终宵似火煎。黎明东向望，春雨又绵绵"的情诗。路上透过车帘依稀见一女子，又写下"相见何曾见，终朝恋此人。无端空怅望，车去杳如尘"。总之，《伊势物语》记录了在原业平的众多恋爱经历，其中最震撼的当属他与"某高贵身份"女子私奔的"芥川"一段了。

《伊势物语》第3段写道："曾有个男子，送给爱慕的女子一些鹿尾菜，还做歌如下'若免相思苦，枕袖甘卧薪'。当时二条后还没入宫，还是普通人。"熟悉平安历史的人一看就明白，"二条后"是第56代清和天皇的中宫、藤原氏的女儿高子。

在平安时代，藤原家凭借外戚身份牢牢把握朝政。他们将女儿送到天皇身边，产下子嗣后立为下一任天皇，自己先做岳父，后做外祖父，永远是天皇不能慢待的至亲。天安二年（858 年），文德天皇殁了，宫里明明有 15 岁的皇子惟乔亲王，重臣藤原良房偏推荐 9 岁的惟仁亲王即位，只因他生母是良房的女儿明子。惟仁亲王就是后来的清和天皇，成年后也得循例娶藤原家女儿。清和天皇即位时举行"大尝祭"，藤原良房特意选侄女藤原高子担任五节舞姬，众人心知肚明，高子已被选中，不久将入宫。良房还让她暂住皇太后明子的院落，好提前学习宫廷规矩。在原业平也是皇室出身，如何不知良房的用心？但他仍然赠高子鹿尾菜，还写了情意绵绵的和歌给她。

鹿尾菜听起来陌生，其实是海藻的一种，色黑，形如鹿的短尾，故得此名。除了日本，中国与韩国海域也有出产。据发掘遗迹可知，绳文人已食用鹿尾菜，之后的弥生人也把它当做重要食盐来源。从奈良时代起，它成为公卿贵族的专享，平安时代的律令实施细则《延喜式》也记载了鹿尾菜制成的菜肴。它也被当做"神馔"的一种，定期供在伊势神宫，献给神灵享用。

在原业平是一等一的出身，谈恋爱也拿鹿尾菜做礼物，可见它是珍贵吃食。鹿尾菜价高，但它长期做神馔，町人百姓以为它能辟邪招福，也常逢年过节食用。到了江户时代，用医师视角分析食材的《本朝食鉴》和百科辞典《和汉三才图会》都介绍了它，介绍各地名产的指南书《毛吹草》还将它列为伊势国名产。伊势鹿尾菜与日高海带、浅草海苔并列，是江户町人趋之若鹜的名牌产品。到了江户晚期，随着打捞技术的进步，鹿尾菜价格低廉起来，不少菜谱都介绍了食用方法：胡萝卜切丝，大豆煮熟待用；锅中加芝麻油，放入鹿尾菜、胡萝卜和大豆略炒；再加入调味料和水煮干，就是鲜香的下饭小菜。或将梅干去核切碎，拌上切丝的山药和过水的鹿尾菜，也是夏天最适的清爽拌菜。这些烹饪法听起来都熟悉，是的，今日日本家庭也这样吃鹿尾菜。

如今鹿尾菜早成为寻常食材，科学证明它是不折不扣的健康食品：所含食物纤维是牛蒡的 7 倍，钙质是牛奶的 12 倍，铁是鸡肝的 6 倍，因此能预防骨质疏松和贫血；还能美容养颜，改善手脚冰凉的状况，对女性尤其有用。从这调查报告来看，在原业平给藤原高子送鹿尾菜，果然送对了。

藤原高子收了鹿尾菜，和在原业平谈情说爱起来，可惜好景不长，两人惨遭棒打鸳鸯。高子是要进宫的贵人，藤原家发现在原业平图谋不轨，赶紧让她搬了家。懵然不知的在原业平去找她，发现人去楼空。他孤独地坐在西厢，恰巧院中梅花开得正好，纤薄花瓣映着朦胧月色，美得不似人间。他回忆与高子相处的甜蜜时光，垂泪吟下"月岂昔时月，春非昔日春。此身独未变，仍是昔时身"的名句。

伤心归伤心，在原业平没有放弃，一番劳顿后找到了藤原高子，还背着她一路逃到芥川。高子的兄长闻讯大惊，又将她抢了回来。数年后高子做了清和天皇妃，产下贞明亲王等皇子，后被立为中宫。贞明亲王即位，高子又成了皇太后。可惜她不改浪漫本性，54 岁时与东光寺僧人善佑传出绯闻，被废去太后之位。当然，这些都是秘而不宣的隐事了。《伊势物语》假称某男爱慕的女子在芥川边的破旧仓库被鬼一口吞了，这也是为尊者讳的手法：世间哪里有鬼？与在原业平私奔的高子活得好好的，只是被兄长带走了。

鹿尾菜是自古是神馔，直到今天，以伊势神宫、京都石清水八幡宫为代表的神社仍然按时供奉它。《伊势物语》也兴致勃勃地写到，"某男"在原业平在伊势神宫上演了一出爱情大戏。当时神宫有位斋宫，是文德天皇的皇女恬子。斋宫一般由天皇的皇女或皇妹出任，不但身份高贵，还是清白纯洁的处子。宫中大宴需用野鸟，在原业平奉旨去伊势一带打猎，谁知与斋宫恬子一见钟情，闹出了震惊朝野的大丑闻。

在原业平真是天不怕地不怕的风流贵公子。他也给斋宫恬子写了和歌，那有没有送她鹿尾菜呢？

店 铺 推 介

北村物产店：伊势志摩自古是海产品丰富的地区。"北村物产店"于200多年前的宽政年间创业，店内的"伊势鹿尾菜"长期远销江户。与一般鹿尾菜不同，该店精选的是久经海浪冲刷的种类，较长较粗，香气浓郁，吃起来有弹性。

地址：三重县伊势市东大淀町305番地。有网店，可网上购买。

YAMAHIKO："yamahiko"也是创业100余年的海产老铺，贩售最高级伊势鹿尾菜。该店鹿尾菜长而粗，通身黝黑，煮起来不易碎，吃起来有嚼劲，曾得专业日餐厨师夸奖。

　　地址：爱知县丰川市御津町御幸浜 1-1-2。有网店。

菅原道真与梅干

菅原道真と梅干し

人物小传：菅原道真

平安时代的公卿、学者，出身于学者世家，从小会做汉诗，被称为神童。成年后深得宇多天皇信赖，后受藤原时平的陷害，被迫离开京都，赴大宰府做官，数年后客死。他死后京都出现系列灵异事件，藤原氏认为他化为怨灵作怪，朝廷封他为太政大臣，希望能安抚他的怒气。因为他博学多识，后人尊他为学问之神。

"春夜亦何愚，妄图暗四隅。梅花虽不见，香气岂能无？"

这是名列"三十六歌仙"的平安宫廷歌人凡河内躬恒的和歌，收入《古今和歌集》。寒气未消的初春夜，院里梅花开得烂漫。可惜夜色不解风情，偏把花朵笼在黑暗里。好在有幽香阵阵，香气怎么也挡不住。

《古今和歌集》中咏梅花的和歌不少，再向前追溯，《万叶集》咏梅之作更有百余首。梅花原产中国，又名"春告草""花

梅干し

之兄"，弥生时代漂洋过海来到日本，从此成为日本人的心头好。好风雅的公卿贵族将梅花视为性命，痴迷劲儿不比标榜"梅妻鹤子"的北宋诗人林和靖少多少。

梅花好看，梅子也能食用。中国上古书籍《书经》写道："若作和羹，尔惟盐梅"。最晚在公元前600年，中国人的祖先已用盐腌制梅子，提取"梅醋"做调料了。公元500年左右的《齐民要术》详细记载了如何加工梅子，还对乌梅、白梅和藏梅等加工品做了区分。乌梅是梅子熏制而成，酸味浓，适合入药；白梅是梅子泡盐水，干燥后食用；藏梅则是糖腌制而成，吃起来可口。同样以梅子为原料，1300多年前的日本人另辟蹊径，发明了炮制梅子的新方法，深受喜爱的"梅干"就此诞生。

做梅干要用青梅，就是未成熟的梅子。腌制前用清水泡一夜，让梅子吸饱水，再捞出来撒盐，梅子与盐的比例约为3:1。撒盐后细细拌匀，压上石块，放上10到15天，让青梅与盐充分反应，再把青梅出的水倒出，就是又酸又咸的调味品"梅醋"。青梅出水后变得松软，取出在日光下暴晒，为晒得均匀，要不时给它们翻身。等青梅变成茶褐色，再在露天放上3天3夜，让它们完全干燥。此时重新倒回梅醋，再放上紫苏叶子，青梅吸饱了梅醋，又被紫苏染出漂亮颜色，梅干就做成了。

梅干诞生于奈良时代，许久都是与百姓无缘的高级品——梅子固然多见，腌渍用的盐不便宜。进入战国时代，随着采盐技术的进步，梅干在日本社会逐渐下渗，而且它不易腐坏，也被当做宝贵的军用物资。知名武将上杉谦信也是梅干爱好者，喝酒手边总放上几颗。

到了江户时代，梅干成为庶民的寻常吃食。它做起来简单，又好保存，小小一粒能吃上一碗饭，省了许多菜肴。人们逢年过节也用切碎的梅干冲茶，称作"大福茶"，据说可保一年无病息灾。正月也要吃黑豆与梅干的年菜，有年年有余的好兆头。

经常吃梅干，自然积下不少梅核。顽皮的孩子拿着玩耍，母亲会反复警告，说梅核里有天神大人在休息，万不可打扰他。若惊扰了天神，学过的汉字会全部忘记。

梅核里哪有什么天神，只有小小白色种子，就是梅核仁。梅核仁含有微量苦杏仁甙，与胃酸结合后形成毒物。科学研究证明，一日吃 300 颗才会有危险，大可不必过度担忧。古人当然不知什么是苦杏仁甙，可能凭生活经验推断出梅核仁有危险，所以用"忘记汉字"吓唬好奇的孩子吧。

江户母亲口中的"天神大人"是平安时代的大知识人菅原道真。他是朝廷最高级学者"文章博士"的儿子，自小有神童之名，26 岁通过国家级考试"方略试"。据说这考试极难，实施两百年来只有 65 人通过。

菅原道真从小爱梅，在庭院里种了许多梅树，还将自家宅邸命名为"红梅邸""白梅邸"。他成年后仕途亨通，深受宇多天皇信任，被任命为右大臣。他看不惯外戚藤原氏跋扈，和左大臣藤原时平起了冲突。可惜藤原氏势大，他被解了右大臣的职务，左迁至九州大宰府。

在平安贵族看来，离开风雅的京都，就像进了地狱。菅原道真后来客死九州，藤原氏去了眼中钉。不久藤原一族灾祸频发，包括藤原时平在内的数人突然死去。令人心惊的奇异天象也频频出现：京中受暴风雨袭击，彗星掠过天际，天皇御所也被雷击中。平安贵族最迷信，立刻认定是郁郁而终的菅原道真作祟。为安抚他徘徊世间的怨灵，朝廷封他为天满天神，在各地建了天满宫祭祀，还植上许多梅树，只求让他恢复平静。

菅原道真是罕见的高级知识人，也被后世奉为文学与学问之神，其事迹频频出现在江户时代的私塾课本与净琉璃、歌舞伎剧本中。这位天神痴爱梅花，江户人以讹传讹，认为他可能宿在梅核里。太宰府天满宫专门设"梅核回收处"，人们吃了梅干，将核儿仔细收起，再按时送到天满宫去。直到现在，天满宫仍然保留着梅核回收处。

在物质匮乏的过去，梅干是重要的菜肴。穷人带便当，除了米饭只有梅干，白饭托着颗红梅干，看着像日本国旗，因此被称为"日之丸便当"。这饭菜实在朴素，不过一颗梅干能吃上一盒饭，可见梅干盐分高。到了现代，人们认识到过度摄取盐分对身体有害，对梅干的消费骤然减少。头疼不已的梅干生产商纷纷减了盐量，还开发出新口味梅干，以求拓展新市场：比方加上鲣鱼精华的，据说和米饭同食最佳；用蜂蜜腌制的，吃不惯酸味的孩子也喜爱；添了海带香气的，据说适合做茶泡饭；当然还有保持传统原味，只减少了盐量的。

近几十年洋风劲吹，年轻人饮食习惯西化，对梅干的爱不断变淡，不过日本仍有不少忠实的梅干爱好者。他们不光注重口味，对梅子产地也有要求：和歌县的南高梅和群马县的白加贺果肉厚而软，是最佳的梅干原料；丰后小梅质地较硬，适合用蜂蜜渍，吃起来有嚼劲；甲州小梅看起来小小的，做出的梅干玲珑可爱……总之，在爱好者眼里，小小一粒梅干，学问大得很呢。

店 铺 推 介

纪州梅之里中田：和歌山县原名纪州，是历史悠久的梅干名产地，直到今天，该地梅干也是公认的高级品。"纪州梅之里中田"是明治三十年（1897年）创业的梅干老铺，在遵循祖传制法的同时，积极开发适合不同时代消费者口味的梅干。该店代表产品是"纪州南高完熟梅干"，减盐配方，酸甜有回味。不过价格较高，适合作为礼品赠送给重要的人。

地址：和歌山县田边市下三栖1475，接受网络订货。

五代庵："五代庵"也是和歌山名店，天保五年（1834年）创业，180余年来一直持续制作梅干。该店被媒体采访多次，也是深受各界名人喜爱的店铺。代表商品为"五代梅""紫苏渍梅"和"海带梅"，入口绵软有香气，值得一试。

地址：和歌山县日高郡东本庄836-1，接受网络订货。

清少纳言与刨冰

清少納言とかき氷

人物小传：清少纳言

平安时代的知名女文青、高级公务员。生于贵族世家，父亲是有名的歌人。成年后入宫侍奉一条天皇的中宫定子，文思敏捷，谈吐高雅，深受定子喜爱。她在工作之余记录宫中的所见所闻，汇集成册就是日本三大随笔之一的《枕草子》。她还是紫式部的政敌，两人互相鄙视，都在各自作品里明枪暗箭地吐槽对方。

清少纳言与紫式部有不少相似之处：都是家学渊源的贵族女子，都入宫侍奉中宫，都写下优秀作品为后人铭记。紫式部的野心更大些，《源氏物语》模拟出一个似真似幻的贵族社会；清少纳言爱随笔，《枕草子》算"碎片化写作"：宫里有哪些规矩？哪些风尚？今日有哪些新鲜事？有什么突发事件？她写得闲适，读者看着轻松，睡前看一段，绝无紧张失眠之虞。

清少纳言和紫式部是同时代的才女，可惜各为其主，关系并不融洽。紫式部毫不留情地批判对方自高自大，整日炫耀才学，其实只是半瓶醋，无论人还是作品，都叫人讨厌。清少纳言没公开反驳，因此未演化成你一言我一语，针尖对麦芒的"修罗场"局面。不过，从《枕草子》行文看，清少纳言也不算温柔敦厚，说起"不高雅"的人和事，语气也刻薄得紧。

当然，若论小情趣，清少纳言确实更胜一筹。随便从《枕草子》摘一段，贴在网上都是"岁月静好"的上佳文字。中文网络里有不少人这样做了，据说最常引用的是"什么是高雅物事？淡紫外褂罩白衫。雁卵。刨冰浇甘葛，盛入金碗中。"这段受欢迎也有道理——吃美食穿美衣，符合大多数人的理想。

讲椿饼时我们曾提到甘葛，在砂糖极少的平安时代，甘葛是宝贵的甜味料。甘葛熬出黏稠的甘葛煎，色呈淡金，搭配雪白刨冰，看着也不错。金碗不是金灿灿的纯金碗，只是全新、无伤痕的金属碗——清少纳言虽是侍奉中宫的女官，也不会捧着金碗吃饭，端着玉碗喝汤。

为什么说刨冰加金碗高雅呢？刨冰装进金属碗里，碗边受了凉气，有薄薄的露状物凝结。晶莹的小颗粒密密排着，不久消失不见。清少纳言观察力敏锐，是写生活情趣的专家。

光说高雅，刨冰味道如何呢？清少纳言没有给出答案。《枕草子》是平安贵族生活片段集锦，但提到饮食总一笔带过。当然，贵族认为贪吃是让人瞧不起的恶习，不过京里吃食确实乏善可陈，京都三面环山，离濑户内海有段距离，以当时的运输水平海鲜运到京里早臭了。没海鲜可以吃别的，不过贵族忌讳多，许多食材一辈子不入口。哪怕官位再高，最常吃的也是各色腌菜与干鱼。

以今人眼光看，清少纳言笔下的刨冰实在简陋——既没果酱，也没炼乳，更没有水果粒与巧克力碎，只是一碗小刀削出的冰屑。因为浇了甘葛煎，吃着有淡淡甜味，努力品品，依稀有藤科植物的香气。不过，清少纳言活在约 1000 年前的平安中期，刨冰是极珍贵的吃食，只有天皇和高级公卿才能尝尝滋味。

京都暑热，公卿穿得又多，夏日汗出如浆，谁不想吃刨冰消暑？当时没现代冷藏设备，冰块很难保存。在冬季，天皇指派专门役人从关西几处池子采冰，运入天然冰室，堆在茅草上，冰上再盖厚厚的草。天然冰室听起来高级，其实只是日阴处的山洞。到了夏日，不少冰块早化成水，剩下的有限，所以珍贵之极。

到了江户时代，幕府也在富士山设了天然冰室。一到夏日，役人将冰块装上车，快马加鞭运到将军所在的千代田城。烈日炎炎，路上冰已化了大半，损耗比从岭南运荔枝进长安还要大。所以刨冰只是极少数人尝鲜，对町人百姓来说，是一生没机会入口的高级货。

转眼到了幕末，四面环海的岛国日本面临"千年未有之变局"。以美国为首的列强先后叩关，要求幕府打开国门，形势比人强，幕府只有从命。各国商船运来高鼻深目的"蛮夷"，也带来让人眼花缭乱的新奇洋货。美国船还运了冰块，在洋人聚居地横滨公开出售。那些冰块被称为"波士顿冰"，从美利坚漂洋过海而来，价格自然高昂。

江户人自称"江户之子"，以吃尽新鲜食物，"不留过夜钱"为荣，有商人看到商机，用波士顿冰制成刨冰售卖。毕竟价贵，去吃的都是富裕阶层。商人中川嘉兵卫决意试制国产冰，在富士山、鲰泽和诹访湖一带制冰，可惜未能成功。他得知函馆五稜郭周边水质清澈，温度也低，决定最后一搏，竟然取得了成功。函馆天然冰源源不断运来，"国产刨冰"终于诞生。不过函馆刨冰也不便宜，等普罗大众都能随意吃冰，已是19世纪末的明治中期了。

刨冰屋的店招又叫"冰旗"，白棉布染出蓝色波浪和千鸟纹样，中间是红色的冰字（日文写作"氷"），是夏季风物诗之一。波浪与千鸟合称"波千鸟"，是日本传统纹样，夫妻携手飞跃惊涛骇浪的意思，象征"夫妻圆满，家宅平安"。

日本的古老歌集《万叶集》卷3有首和歌，作者是"三十六歌仙"之一的柿本人麻吕。和歌大意为"淡海有千鸟，啼声惹旧思"——柿本人麻吕黄昏时分来到近江，追忆毁于"壬申之乱"的近江宫，作歌怀念旧景，也是怀念故人。

乍一看波千鸟与吃食没什么关系，不知怎么纠缠在一起。不过既有饮食男女这么一说，也许吃食和恋情总是分不开。中国圣人孔子也说过："饮食男女，人之大欲。"

虽不是完全无理，这说法毕竟牵强，另一种解释更恰当些：在俳句的世界，"千鸟"一词代表冬季，是冬之季语——寒风一起，北地鸟儿长途跋涉到南国过冬。它们聚集在海岸边，数量众多，远远看去似成千上万。刨冰店的冰旗印着象征冬季的千鸟，中间是大大的冰字，是传达冰凉透心的意境。可惜今人与俳句渐渐隔膜，早已不懂前人设计图案的苦心。

在并不久远的昭和前期，提到夏天，日本人立刻想到烟花大会、盂兰盆舞、海水浴和刨冰。可惜二战后西洋冰淇淋大受欢迎，一下抢了和风刨冰的风头。所谓风水轮流转，近些年来刨冰店推陈出新，推出草莓、抹茶等新口味，更研制出水果刨冰，有杏味、蓝莓味和蜜桃味等等，吸引了不少目光。这些刨冰嵌着五彩缤纷的水果粒，更浇有炼乳、蜂蜜，比 1000 多年前高级公卿专享的原始刨冰好出上千倍。

和清少纳言比起来，生在丰饶时代的今人何其幸运。

店铺推介

船桥屋：位于东京都葛饰区的柴又是《男人真辛苦》电影主角渥美清的出生地，也残留着浓郁的昭和风情。文化二年（1805 年）创业的甜食店"船桥屋"位于柴又帝释天参道边，夏天会推出多种传统刨冰，清爽的"夏柑刨冰"最受欢迎。

地址：东京都葛饰区柴又 7-6-1。

三星园上林三入本店：位于京都平等院表参道边，是创业于 400 多年前天正年间的老店，店主曾做过幕府将军家的御用茶师。该店夏天推出纯正宇治抹茶制作的宇治刨冰，清凉的口感配上清新的茶香，称得上和风满满的传统刨冰。

地址：京都府宇治市宇治莲华 27-2。

藤原道长与苏蜜煎

藤原道長と蘇蜜煎

人物小传：藤原道长

藤原家族中的NO.1，登上了贵族社会顶点的杰出人物。他出身于贵族世家，是名副其实的官二代，成年后当过右大臣、左大臣，最后做了大权在握的摄政。他把女儿们嫁给天皇，先当天皇岳父，再当外公，牢牢坐稳外戚的宝座，连天皇都得看他的眼色行事。

从前的日本人把京都称为"都"，奈良则是"古都"。京都是风流浪漫的王都，奈良多了份苍茫古意。香具山、畝傍山和耳成山这"大和三山"组成三角地带，将古都围于其间。1300多年前，女帝持统天皇在宫中处理政务，倦了去门前瞭望，远远看见苍绿的香具山。天蓝得纯净，晾在外面的夏衣白得耀眼，不知不觉春天已过，又是一年夏天了。做女帝实在辛苦，为了儿子，再苦也得坚持。

人说皇家亲情薄，为争夺皇位，骨肉相残的悲剧时有发生。

梅干し

1

JANUARY
2019

		1	2	3	4	5	6	7	8	9	10	11	12	13
14	15	16	17	18	19	20	21	22	23	24	25	26	27
28	29	30	31

としゃも鍋

2

FEBRUARY
2019

				1	2	3	4	5	6	7	8	9	10
11	12	13	14	15	16	17	18	19	20	21	22	23	24
25	26	27	28

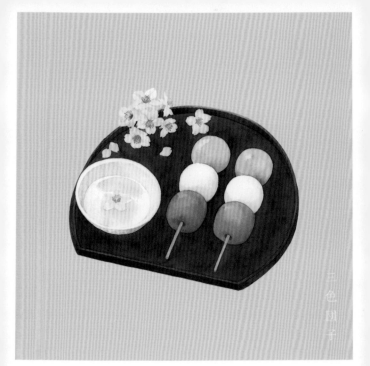

3

MARCH
2019

			1	2	3	4	5	6	7	8	9	10
11	12	13	14	15	16	17	18	19	20	21	22	23	24
25	26	27	28	29	30	31

桜餅

4

APRIL
2019

1 2 3 4 5 6 7 8 9 10 11 12 13 14
15 16 17 18 19 20 21 22 23 24 25 26 27 28
29 30

天ぷら

5

MAY
2019

		1	2	3	4	5	6	7	8	9	10	11	12
13	14	15	16	17	18	19	20	21	22	23	24	25	26
27	28	29	30	31									

6

JUNE
2019

					1	2	3	4	5	6	7	8	9
10	11	12	13	14	15	16	17	18	19	20	21	22	23
24	25	26	27	28	29	30

7

JULY
2019

1 2 3 4 5 6 7 8 9 10 11 12 13 14
15 16 17 18 19 20 21 22 23 24 25 26 27 28
29 30 31

8

AUGUST
2019

			1	2	3	4	5	6	7	8	9	10	11
12	13	14	15	16	17	18	19	20	21	22	23	24	25
26	27	28	29	30	31

納豆

9

SEPTEMBER
2019

						1	2	3	4	5	6	7	8
9	10	11	12	13	14	15	16	17	18	19	20	21	22
23	24	25	26	27	28	29	30

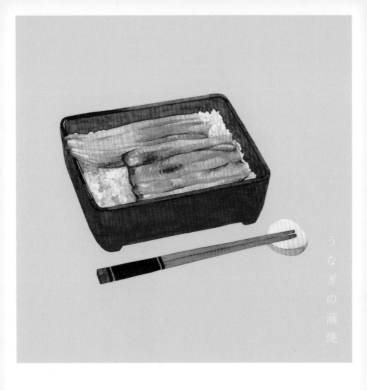

うなぎの蒲焼

10

OCTOBER
2019

1	2	3	4	5	6	7	8	9	10	11	12	13
14	15	16	17	18	19	20	21	22	23	24	25	26	27
28	29	30	31

ラーメン

11

NOVEMBER
2019

		1	2	3	4	5	6	7	8	9	10
11	12	13	14	15	16	17	18	19	20	21	22	23	24
25	26	27	28	29	30

12

DECEMBER
2019

					1	2	3	4	5	6	7	8
9	10	11	12	13	14	15	16	17	18	19	20	21	22
23	24	25	26	27	28	29	30	31

持统天皇为保儿子太子之位，忍心诬陷外甥谋反，生生逼死了他。可惜儿子早亡，她苦苦等着，等孙儿登上皇位才安心，他就是后来的文武天皇。据《右官史记》记载，他登基不久遣人去香具山南造苏。苏是牛奶制成的珍贵补药，当时持统天皇垂垂老矣，收到孙儿的苏，一定很欣慰吧。

据现存史料，1400多年前牛奶已在日本出现。文武天皇造苏，可见苏也有1300多年的历史。长屋王是文武天皇的伯伯，根据其府邸遗迹出土的木简，当时贵人已饲养乳牛，将牛奶当补药用，可能也造苏。进入平安时代，朝廷增设"乳牛院"，由专人饲养乳牛，为三宫（太皇太后、皇太后和皇后）提供生乳，兼做乳制品。

平安时代的苏仍是稀罕物，贵族也只能在正月的"二宫大飨"和"大臣大飨"尝尝。二宫大飨是正月二日诸臣拜谒中宫与东宫，然后在玄晖门东西廊宴饮的仪式，此时席上会有难得一见的苏，还有甘栗同食。大臣大飨是高官将亲王以下的贵族召来欢宴的仪式，主人若位高权重，天皇会派特使送苏与甘栗助兴，特使称"苏甘栗使"。据《日本书纪》记载，苏甘栗使一到，宾客们欢声顿起——这样难得的吃食，一年顶多吃一两次。

藤原道长是平安时代最强有力的政治家，天皇都敬他三分，苏甘栗使自然是宅中常客。藤原氏代代重臣，一直走外戚路线：将女儿送到天皇身边，产下皇子再立为天皇，皇家血脉永远混着藤原氏的血。藤原道长更彻底些，他接连将三个女儿嫁给三位天皇，"一家立三后"。不过，天皇身边女子众多，若风采举止有缺，女儿入宫也不受宠爱，自然产不下皇子。藤原道长为让女儿学习知识，熟悉贵族社会的礼仪，特意让中宫彰子的女官紫式部写部寓教于乐的教科书，当时纸张是贵重品，道长手段豪阔，独家赞助 2400 余张纸。这教科书就是长篇小说《源氏物语》，书中贵族女性连连登场，与男主角光源氏谈和歌、品音乐、赏绘画……这些都是上层女性必备的技艺。

《源氏物语》约 100 万字，22 万节，登场人物近 500 人，自然不能一蹴而就。藤原道长曾专门去紫式部房间，将刚写成的章节带出，交给女儿妍子阅读。妍子是中宫彰子的妹妹，当时是皇太子的未婚妻，未来的中宫，道长将刚写好的段落给她，正是做"皇妃教育"的教材使用。

藤原道长有野心，有手段，一手将藤原氏推上权力顶峰。他也登上了太政大臣宝座，大宴宾客时得意地说："今世即我世，满月终无缺"。在他看来，天下是藤原氏的天下，自己权势煊赫，一切完满得像当空的圆月。

所谓日中则昃，月盈则亏，藤原道长也有不如意时。《小右记》是公卿藤原实资的日记，长和五年（1016 年）5 月 11 日条目写道：藤原道长从 3 月起频繁饮用浆水，近来饮水不分昼夜，依旧口干无力。医师说热气侵体，虽不用服丹药，需不时服用大豆煎、苏蜜煎、呵梨勒丸等。"浆水"是各种果粮压榨的浓稠汁液，道长频频饮用，依然口干，是什么怪病？古人称为"饮水病"，用现代人的眼光看，只怕是糖尿病。

医师让藤原道长服用大豆煎等物，大豆煎是黄豆煮的水，据说能调整肠胃，缓解食物中毒；呵梨勒丸是从唐国（中国）传来的妙药，据说能治便秘；苏蜜煎是珍贵补品，从牛奶中提炼出"苏"，再淋蜂蜜食用，香气扑鼻，滋味浓甜。

"苏"到底如何制作？现存古籍说得不太清楚。日本学者翻遍了日本和中国的文献，也先后做了不少复原实验。原料是牛奶没错，可苏到底是黄油、奶酪、酸奶还是炼乳？很多年一直没有定论。《延喜式》有载："乳大一斗煎，得苏大一升"，斗和升都是计量单位，换算可知 10 份牛奶得 1 份苏。1987 年，奈良国立文化财研究所确定了"苏"的制作工艺，奈良的乳制品业者开始重新制作这古老吃食。

"苏"用纯牛奶制成，原料简单易得，制作工序不难，只是耗时些。牛奶小火煮，用勺子不断搅拌，以免煮糊坏了香气。奶液慢慢变成淡茶色，再煮成焦糖色。煮到最后牛奶水分耗尽，锅底剩下黏黏的糊状物，将糊糊倒入木箱，放在冷柜定型。等糊糊变硬，拿出切片食用。吃起来奶香浓郁，入口即化，没一点杂质，胜过加了添加剂的奶制品百倍。

在平安时代，人们认为苏"补五脏、利肠、治口疮"，是一等一的补药。藤原道长不愧是手握天下权的人物，不用等到正月，平时就能吃苏补身。当时蜂蜜也难得，浅金色蜂蜜浇奶茶色苏，昂贵难得的苏蜜煎由他独享。不过藤原道长得的是糖尿病，苏蜜煎对病情有害无益。好在道长每日食用葛根，葛根恰好是降血糖的妙药。道长歪打正着，饮水病慢慢痊愈，再不用守着水瓮喝浆水，重新过上了自由自在的日子。

被公卿贵族视为珍物的苏起源于飞鸟时代，随着平安时代的结束，逐渐消亡在历史的烟尘里。800 多年后，得益于考古学家的不懈努力，这古老吃食才再现人间。1300 多年前，文武天皇命人于天香具山之南（今奈良县橿原市）制苏，如今该地也有名为"飞鸟之苏"的吃食贩卖。不光奈良，静冈、宫崎和京都都有店家自行制苏，1000日元左右就能买到一盒。切一片入口，想起遥远的飞鸟时代，口中的苏也变得沉甸甸的，似乎多了些悠长的回味。

店 铺 推 介

Milk 工房飞鸟：位于奈良市天香具山的"Milk 工房飞鸟"出售传统工艺的"元祖·飞鸟之苏"。在苏制作工艺被重新发现后，Milk 工房飞鸟立即开始了苏的制作，是当代制苏时间最久的店铺。

地址：奈良县橿原市南浦町 877，有网店。

苏庵：位于静冈县挂川市的"苏庵"售卖藤原道长治病用的"苏蜜煎"。干燥的苏削成小块，混入蜂蜜，单个包装，做成糖果状。吃起来有嚼劲，有淡淡甜味，咽下后口中留有浓郁的牛奶香。挂川是著名的茶产区，苏庵也开发了绿茶苏和抹茶苏，值得一试。

地址：静冈县挂川市初马 493-2。

源义家与纳豆
源義家と納豆

人物小传：源义家

通称八幡太郎，平安时代后期的武士，一生富有传奇色彩。少年成名，在前九年之役、后三年之役中打过不少胜仗。他一手筑起源氏势力的基础，被誉为"天下第一勇武之士"，一直到今天都拥有大量粉丝。

米饭、纳豆和味噌汤是经典的日式早餐搭配，历史可追溯到 300 余年前的江户时代。晨光初现时，小贩挑担行走于大街小巷，发出"纳豆，纳豆"的悠长叫卖声。一位纪州来的武士在日记写道："在江户，鸟有时不叫，纳豆叫卖声日日可闻。"当时炊具原始，生火是麻烦事，江户主妇一早煮好全天吃的米饭。小贩来了，米饭刚刚好，匆匆开门买回纳豆，该叫丈夫和儿女起床了。主妇将纳豆弄碎，再切些葱花，或直接拌饭，或煮成纳豆味噌汤下饭。江户男多女少，有家室的男子是幸运儿。听见隔壁砧板响，独居的单身汉心里说不清是羡慕还是嫉妒，只能长叹一声，起床去小吃摊填饱肚子。

无论纳豆拌饭，还是纳豆汤，江户人早餐离不开纳豆，这一习惯延续至今。近几十年社会结构渐变，独身的日本人越来越多。工作辛苦，早上想多睡会，梳洗打扮后塞几口面包，也算对付了一餐。不过，电视媒体曾做过街头采访，请路人描述什么是理想的早餐，大多数人的答案不是面包，而是米饭、纳豆和味噌汤：刚煮好的米饭冒着热气，纳豆加酱油搅出黏稠细丝，再浇在米饭上。吃一口，米粒的甜混着纳豆特有的黏黏质感，香气从口腔直漫到喉咙。吃了米饭，再将味噌汤喝得干净，新的一天真正开始了。

以上说的纳豆是拉丝纳豆，色泽淡黄，口感黏软。日本还有另一种纳豆，黑褐色颗粒状，吃着有赤味噌的香气，和中国的豆豉有些相似。这种纳豆叫"寺纳豆"，也叫"唐纳豆"，一般做小菜，或做茶泡饭的配菜，也做调味料。如今拉丝纳豆大行其道，寺纳豆早成为小众产品。在1000多年前的平安时代，寺纳豆是源于中土大唐的舶来品，是贵族与僧侣专享的高级吃食。

豆豉是中国传统豆类发酵品，汉代刘熙的《释名·释饮食》将其誉为"五味调和，需之而成"。马王堆汉墓出土文物中有豆豉的身影，成书于北魏的《食经》也记载了它的做法。后来遣唐使将它带回日本，京都一些寺庙也试着做。僧侣在仓库辟出试制场，在大豆里加入曲菌，倒上盐水浸3个月。干燥后得到黑褐色粒状物，模样滋味都和豆豉相仿。寺庙的仓库叫"纳所"，所以它们得了"寺纳豆"的名字。

僧侣不能食肉，大豆是重要的蛋白质来源。寺纳豆易保存，

納豆

滋味独特，深受僧侣喜爱，也得到贵族的好评。但在 1000 多年后的今天，它的影响力大为衰落，日本 90% 以上的地区少见它们的身影，只有京都和奈良部分佛寺还在制作。

主流的拉丝纳豆于何时产生的呢？如今制纳豆使用专门的纳豆菌，在科学不够昌明的过去，古人用附着在稻草上的枯叶菌。大豆煮熟冷却，再用稻草包裹，温度达到 40~50 度时，枯叶菌活跃起来，大豆蛋白质迅速变成谷氨酸，黏糊糊的拉丝纳豆就诞生了。

绳文晚期日本已开始种植水稻，稻草不是稀罕物。进入弥生时代，大豆栽培也开始普及。弥生人用土器煮食，为让大豆快点熟，可能将豆粒敲碎煮。他们住竖穴式住居，点着炉火，地面铺稻秸枯草，冬天也暖烘烘的。若有煮熟的碎大豆掉入稻秸，原料温度齐备，最初的拉丝纳豆就此诞生了。弥生人看见这偶得的黏糊糊物事，不知作何反应呢？是不是壮起胆子尝了一口，觉得滋味独特，就试着复制了呢？

纳豆也许早有了，但"纳豆"的名字最初出现于平安末期。学者藤原明衡在汉文体小说《新猿乐记》里描写了在京看戏的各位观众，尤其对有 3 妻、16 女和 9 子的右卫门尉家大书特书。七女儿被刻画为"贪食爱饮"的女子，除了精馔美食，对世间再无要求。书中列举了她喜爱的吃食，有鹑目饭、鲷中骨、鲤丸烧和腐水葱等，也提到了"盐辛纳豆"，这是纳豆在现存史料中的首次亮相。不过，根据名字推断，这可能不是拉丝纳豆，而是黑褐色的寺纳豆。毕竟拉丝纳豆虽早已诞生，一直不算正儿八经的吃食。

室町中期出现一本滑稽书，名叫《精进鱼类物语》。此书是对《平家物语》的戏仿，讲的是精进料理（素餐）的蔬菜、纳豆等"素食材"与鱼、鸟等"荤食材"之间发生的激烈战斗。素军有一员叫"纳豆太郎系重"的大将，穿着白线织就的盔甲，正符合拉丝纳豆的特征。可见至少在500多年前，拉丝纳豆已是人们习以为常的吃食。

拉丝纳豆为何在室町时代猛地普及？有没有哪位伟人推动呢？

滋贺县八日市有个古老传说，一日圣德太子路过此地，乘坐的马匹步子慢了下来，似乎有些疲累。圣德太子翻身下马，将随身带的煮豆喂给它吃。煮豆量多，还余下些，他用稻草包起，挂在路边树枝上。后来村民被发现，打开一看，煮豆已生了白丝，鼓起勇气一尝，有些特别的香气。拉丝纳豆就这样诞生了。

和圣德太子的传说比起来，另一个传说更可信些。镰仓幕府首代将军源赖朝有位祖先叫源义家，是知名武将。源义家率兵出征，战斗一天后天色已晚，他收兵回营，士兵生火煮饭，也煮些大豆喂给马匹。此时哨兵急报，说敌军展开夜袭，源义家命令后撤。士兵将煮豆塞入稻草包，绑在马上带走。第二日打开草包，发现煮豆已被马的体温烘得发了酵。源义家壮起胆子尝了尝，觉得滋味不错，就拿它们做了军粮。

源义家与父亲源赖义曾在各地征战，那些地方都留下纳豆发源地的传说，可见源义家即使不是拉丝纳豆的发明人，也是颇热烈的爱好者。

到了战国末期，拉丝纳豆渐渐得到上层人士的承认。"茶圣"

千利休喜欢纳豆与味噌煮成的纳豆汤，将它加入茶会用的怀石料理菜单。在他被迫切腹前一年，9月到12月间，参加茶会的客人吃了7次纳豆汤。千利休的纳豆汤做起来容易：青菜切碎待用，纳豆在研磨碗中稍磨，磨成豆粒的三分之一大。锅中加干鲣鱼与海带熬出的高汤，加味噌融化，将青菜放进去煮。煮沸后加碎纳豆，再添一撮切丝的柚子皮。滋味清淡，又有柚子香，正适合风雅的茶会吃。

千利休为何在9~12月提供纳豆汤？其实纳豆原属冬日吃食，直到江户初期，卖纳豆的小贩也只在冬季出现。随着纳豆人气渐高，纳豆才成为四季有售的食材，所以前文纪州藩士才日日被叫卖声吵醒。

拉丝纳豆是"江户之子"的最爱，在受京文化影响的关西圈，有些人对黏糊糊的纳豆颇为抵触。直到30多年前，大阪京都仍有不少人讨厌，若在居酒屋点了拉丝纳豆菜品，没准会和邻桌客人吵起来——在讨厌纳豆的人看来，它白丝缠绕的样子，复杂浓郁的气味都难以忍受。

近些年来，即使在关西地区，人们对拉丝纳豆的抵触也逐渐消失。江户时代的医生称纳豆能"调肚腹，促消食，解毒气"，科学证明它确实对身体有益，不仅抗菌杀毒，能预防脑溢血和动脉硬化，更能减脂美容健脑，实在是人人必食的佳品。而且纳豆价格便宜，超市里3盒才卖100日元，这样价廉物美的健康食品，捏着鼻子也要坚持吃啊。

店铺推介

水户元祖·天狗纳豆：“水户元祖·天狗纳豆”初建于明治四十三年（1910 年），是创业 100 余年的老铺，一直坚持用传统方法制作纳豆，至今仍用稻秸包裹大豆发酵，力争做出最接近原初的滋味。水户纳豆粒小味浓，拌饭吃最适。

店址：茨城县水户市柳町 1-13-13。茨城空港内也有售。

丸真：水户是纳豆制作中心地区，茨城本地人最爱“丸真”食品公司制作的“舟纳豆”。采用 100% 茨城县产大豆，颗粒较小，最适合纳豆菌的繁殖。用水也是本地的伏流水，清澈甘甜。全过程大都手工制作，只有少部分机械化。

地址：东京都中央区银座 1-2-1，茨城 marche 商店有售。

镰仓与室町时代

1185 年—1573 年

镰仓时代是武士的时代。原本武士只是贵族们看家护院的保镖，源赖朝在镰仓开幕府，做了征夷大将军，高贵的天皇和贵族也得看将军的脸色行事。

武士们爱利落，拖泥带水的贵族服饰不合心意，他们选择便于骑马射箭的"直垂"，腰里挂着刀，武家女性也穿着"十二单"的简化版。镰仓武士的饭菜简朴，他们吃糙米、烤鱼和蔬菜，没菜光吃味噌也能对付。因为要打打杀杀，也经常吃野味滋补身体。比起四体不勤的平安贵族，营养均衡、喜爱运动的武士生活健康多了。庶民们吃杂粮野菜，服装也是更便于活动的小袖和袴。

进入 14 世纪，远在京都的后醍醐天皇心心念念要推翻镰仓幕府，重新过天皇说一不二的好日子。他借助足利尊氏等另一波武士的力量，灭了幕府，开始"天皇中心"的政治。后醍醐天皇掌了权，对足利尊氏也不客气起来，尊氏一生气起兵造反，又一个武士政权——室町幕府诞生。幕府机关设在京都的室町，所以之后的 200 多年称为室町时代。

室町时代的武士生活和之前变化不大，糙米、烤鱼和煮蔬菜是主要食谱，梅干之类的腌菜是下饭小菜，味噌汤也越发普及。不过，遇到节庆，武士要吃丰盛之极的本膳料理，菜有几十道，一直吃到半夜。武士的住宅"书院造"也在此时成型，比起贵族的寝殿造，它与如今的"和风住宅"更接近。庶民们住在稻草做顶、黄泥做墙的土房子里，不过他们也不好欺负——天井里放着长枪，平时种地，一有仗打立马拿枪出门，分分钟变身战士！

源义经与五郎兵尉饴

源義経と五郎兵衛飴

人物小传：源义经

知名武将，镰仓幕府首代将军源赖朝的异母弟。他在剿灭源氏宿敌平氏的系列战役里立下汗马功劳，后来被源赖朝猜忌，无奈远赴陆奥避祸，数年后自杀。他的一生富有传奇与悲剧色彩，是日本家喻户晓的英雄人物，活跃在诸多文艺作品和传说里。

日本人自古喜欢悲剧英雄。相较建立江户幕府的德川家康，他们更爱本能寺遇袭身死的织田信长；比起建起第一个武家政权的源赖朝，他们更爱自尽身亡的源义经。源义经是源赖朝的异母弟，源义朝的第九个儿子，曾从后白河法皇处得了官职，人称"九郎判官"。因为他，日语还多了个"判官赑屃"（ほうがんびいき）的词，代指对弱者的无条件支持。这个词沿用至今，可见千百年来，日本人对源义经的爱从未改变。

美男子泷泽秀明曾出演 NHK 大河剧《义经》，不过源义经到底相貌如何，不同书籍说法不一。《平家物语》说他是肤色白皙的龅牙矮个男子，不过义经之母是有名的美人常盘，想来不会太差。常盘是近卫天皇中宫九条院的侍女，源义朝一见钟情，娶为侧室，称常盘御前。源义经出生不久，"平治之乱"爆发，源义朝被平清盛击败，死于尾张。常盘御前带义经逃往乡下，终被平家大军擒获。平清盛有意纳宠，作为交换条件，答应放孩子一条生路。常盘御前做了平清盛的侧室，源义经被送往鞍马寺寄养。

为摆脱平氏控制，源义经15岁时逃出鞍马寺，路上遇到拦道的怪武僧弁庆。弁庆向源义经讨要腰间宝刀，源义经不允，两人展开激战。弁庆怪力无双，但源义经身轻如燕，弁庆沾不到他的一片衣角。弁庆深深拜服，做了源义经家臣，追随左右。

治承四年（1180年）8月，源赖朝在伊豆起兵，源义经赶来援助。兄弟对天盟誓，要合力打倒平氏，为惨死的父亲报仇。源义经自小在佛寺长大，不善与人相处，虽立下不少战功，但与哥哥手下武将多有冲突。源赖朝心机深沉，不仅要报仇，更有取平氏代之的野心。想夺天下，团结最重要，为照顾手下的感受，源赖朝对弟弟不但不回护，反而十分严苛。源义经不懂哥哥用心良苦，兄弟关系起了裂痕。

源氏军步步紧逼，平氏被迫离了京都。源赖朝离摆脱朝廷控制、独自建武家政权的目标越来越近，源义经偏偏接受了后白河法皇授予的"检非违使"官职，全面负责京都治安。在源赖朝看来，自己是哥哥，也是主君，义经未经许可接受朝廷官职，等同于背叛。源义经认为接受官职对提升源氏的名望有利，只是出于好意。可惜兄弟俩自小分离，虽说血浓于水，仍难互相理解，彼此隔阂越来越深。

源义经将平氏一族灭于坛之浦，喜气洋洋地带兵回镰仓，以为哥哥会大加恩赏。谁知同行武将早已告状，称其独断专横，犯下诸条大罪。源赖朝怒气勃发，禁止源义经入镰仓。义经写了辩明书，未得哥哥回复，疑心渐起，开始与反赖朝势力来往。源赖朝听到消息，终于下了义经追讨令，一同出生入死的兄弟彻底决裂。

源义经在京都流连，源赖朝派来一波又一波刺客，义经决定招兵买马，和哥哥决一死战。他虽是赫赫有名的武将，既无领地又无银钱，只召集到200余武士。他本想去西国暂避，在大阪湾上了船，又被狂风吹回。手下走了大半，只有弁庆等忠实家臣跟随。到了文治三年（1187年），源赖朝追索愈严，源义经和6名家臣一起避往奥州平泉（现岩手县），去寻旧识藤原秀衡庇护。

曾是一呼百应的大将，数年间沦落到如此境地，逃亡路上也只有6名家臣相随。源义经的心情可能颇为苦涩吧？因此想吃些甜食抚慰心情。当时正在会津黑川，路边有家"五郎兵卫饴"店，弁庆进店一问，这家店竟和源氏有些渊源。

店主姓长谷川，先代随源义家一起来到东北，七年前开始制饴为生。源义家是源氏先祖，是源义经的曾曾祖父。弁庆想买五郎兵卫饴，可惜银钱用尽，悻悻地要走。店主拿出两盒，说送给源义经品尝。弁庆大为感动，提笔写下借条，称归来时必定还钱，还署上"五位尉源义经"和"武藏坊弁庆"的名字。时值文治四年（1189年）4月2日，会津虽僻处东北，樱花也开了吧。在满树樱花下吃些五郎兵卫饴，源义经的心情有没有好些呢？

五郎兵卫饴以糯米为原料，糯米与麦芽加热发酵，等糯米分解出糖分，再倒入锅中慢火熬煮。水分一点点耗干，质地越来越黏稠，再加入琼脂拌匀，干燥后切成小段。五郎兵卫饴看着不像糖块，倒像珍贵珠宝：糖体呈柔和的淡金色，晶莹剔透，对着太阳看，有明亮的光芒闪动。尝一口，软软的，比麦芽糖多些嚼劲，满口质朴的甘甜。不过，在源义经的时代，琼脂还未发明出来，长谷川家可能用了其他代用品。

源义经平安到达奥州平泉，过了一段平静生活。没多久源赖朝发现了他的行踪，严令藤原氏把他交出。藤原秀衡对义经一力庇护，秀衡死后，儿子泰衡为了自保，率兵突袭义经所在的衣川馆。10余名随从奋力抵抗，可惜寡不敌众，弁庆在馆前厮杀，身中数箭依然不倒。敌军壮起胆子上前，发现他早已气绝，还奇迹般地保持直立，像要继续阻挡敌军前进。十五年前弁庆初遇源义经，之后一直跟随左右，虽然气绝身死，一点魂魄依然留在人间，想继续保护主君。

源义经见大势已去，进佛堂念起法华经，准备自行了断。妻子乡御前要求同死，源义经斩杀了她和女儿，一把火烧了衣川馆，自己也死在里面，享年30岁。

源义经死了，源赖朝开了镰仓幕府，做了首代将军，可惜七年后坠马而死。多年征战沙场的武将竟会落马，实在匪夷所思。五年后赖朝长子赖家被暗杀，又过十五年，次子实朝也遭暗杀。源赖朝辛辛苦苦开了幕府，二十七年时间自家血脉全灭，幕府实权转到外戚北条家的手里。

镰仓幕府刚灭，室町幕府又兴，转眼到了天下大乱的战国时代。武将换了一轮又一轮，乱哄哄你方唱罢我登场，在会津黑川的僻静一角，五郎兵卫饴的店铺仍然开着，年复一年地制作饴糖。丰臣秀吉得了天下，将手下蒲生氏乡封到会津，命他监视野心勃勃的奥州大名伊达政宗。蒲生氏乡曾是千利休的学生，颇富审美情趣，来到会津不久，对五郎兵卫饴一见钟情，要求店主定期供应。德川家康建江户幕府，保科正之成了会津藩主，五郎兵卫饴"指定供应"的地位仍未动摇。直到 200 多年后的幕末，质朴的五郎兵卫饴都是会津"御用糖"，受到代代藩主喜爱。

幕末的会津是风暴的中心。藩主松平容保是坚定佐幕派，被长州、萨摩等倒幕派视为寇仇。萨长势大，15 代将军德川庆喜退出千代田城，入上野宽永寺思过，江户幕府很快要画上终止符。

会津与德川家渊源极深，松平容保坚持抵抗。会津藩兵虽然英勇，还遵循着过时的长沼流兵法，武器还是战国时代的弓、枪、老式火枪，而新政府军配备着最新武器。装备太过悬殊，会津藩兵只能冒着枪林弹雨冲入敌阵，与敌人近身肉搏。这种战法伤亡巨大，会津藩兵只能且战且退。新政府军步步紧逼，转眼到了兵临城下的危急时刻。

明治元年（1868 年）8 月，会津若松城被团团围住，新政府军运来了最新式的阿姆斯特朗炮，城中日日炮火连天。正如大河剧《八重樱》演绎的那样，八重等女子在城内与敌军对峙，一些藩士偷偷出城，在城外展开游击战。若松城被围了整整一个月，军粮缺乏，甘甜的五郎兵卫饴成了难得的口粮。当时明治政府已平定全国，人人知道会津孤立无援，难逃战败的命运。之所以咬牙坚持，为的是对德川家尽最后一份忠义。战局日日恶化，只有五郎兵卫饴给勇士们带来小小的慰藉。

100多年转眼过，售卖五郎兵卫饴的店铺依然存在。从首代店主长谷川创业至今，该店已有800余年历史，如今的店主已是第38代。打开绘着弁庆的包装纸，吃上一块承载着近千年历史的五郎兵卫饴，忽然觉得自身的渺小。岁月长河滚滚流过，我们不过是其中一粒微尘罢了。

店 铺 推 介

五郎兵卫饴本铺：　"五郎兵卫饴本铺"选用会津当地糯米与麦芽，坚持传统工艺制作饴糖。发酵、熬煮、切块等全部工序均手工完成。五郎兵卫饴看着赏心悦目，吃在嘴里有果冻般的弹性，甜度适中，又有麦芽香气。该店也是少见的良心店，虽是历史悠久的名牌，售价依然低廉，350日元可买6块。

地址：福岛县会津若松市站前町7–11。

荣西与日本茶

栄西とお茶

人物小传：荣西

镰仓时代的僧人，日本临济宗的开山祖师。两度渡海来中国学习禅宗，归国后修建了多处禅宗寺庙。他还把茶种带回日本栽种，并把宋代的抹茶法传到日本，对日本茶道影响深远。

近些年日本的古代题材影视剧在中国颇受追捧，各视频网站均有播放，点击率不俗。观众边看边发弹幕，到了精彩处，弹幕遮天蔽地，把画面遮得结结实实。弹幕内容有褒有贬，不过常有"忠实还原""考证仔细"的赞扬。日本拍古代题材一般会请专家考证，最严谨的当属 NHK 大河剧，有些剧成本有限，也不得不马虎了，场景和道具常出问题：主人公外出游玩，到小饭馆坐下，伙计赶紧上茶；主人公在家吃饭，吃完美美喝碗茶，可看家中摆设，明明是贫苦人家……日本茶历史虽久，大部分时候都是稀罕物，平民轻易不得入口，只能喝温开水，日语叫"白汤"；

至于更穷的，只能喝凉水了。有个"水吞百姓"的日语词，就是指穷苦人——白汤都喝不上，只能喝凉水。第3代幕府将军德川家光更发过命令，禁止农民买茶喝茶，若妻子酷爱喝茶，丈夫应离婚。可见品茶是上流阶层专享，一般百姓不可僭越。

同许多吃食一样，日本茶也是"汉风和渐"的结果。据天平年间的古籍《奥义抄》记载，约1200年前，最澄、空海等僧人从大唐携回茶种栽培，这也是日本茶的起点。僧人们并不重视茶香，只是把茶煎得浓浓的，做提神醒脑的良药用。弘仁六年（815年），第52代嵯峨天皇驾临近江（现滋贺县大津市）梵释寺，僧人为天皇献茶。嵯峨天皇颇感兴趣，要求畿内和近江、丹波等地种茶进贡。之后茶叶种植地渐渐增多，产量仍有限，是寺庙僧人和公卿显贵的专享。而且，随着遣唐使制度的废止，日本再难接触到中国最新茶文化，只能固守原有的"团茶法"，就是将摘下的新叶蒸后捣碎，拍成团饼状封存，饮时用沸水煎煮。

公元10世纪，中国出现新饮茶法，叫做"抹茶法"。团茶粉碎成末，加热水，再用茶筅反复搅拌。日本人并不知晓，直到一位叫荣西的日本僧人再次远渡重洋，赴宋学习。

荣西永治元年（1141年）生于备中（现冈山县），11岁出家，28岁漂洋过海，去当时的宋朝学禅宗。十多年后他再次赴宋，在天台山万年寺学习临济宗教义。当时禅宗寺院饮茶风气极盛，僧人认为饮茶不是享乐，是修行的组成部分。荣西亲身体验，觉得茶能提神醒脑，更能平心静气。回日本时，荣西不但带了各类经卷，也带了茶种子，决定在日本推广最新的"抹茶法"。

回到日本，荣西在江州（现滋贺县）坂本试种茶树，之后

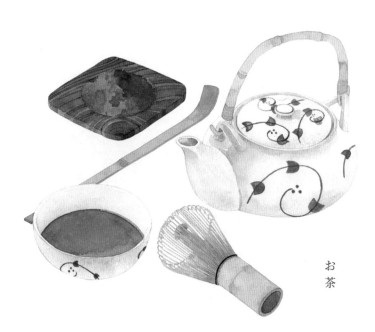

お茶

推广到肥前（现佐贺、长崎一带）。华严宗僧人明惠上人讨了些种子，开始在京都栂尾山试种。也许是明惠上人的种法得当，过了若干年，栂尾产的茶远近闻名，成了炙手可热的品牌。

镰仓时代的史书《吾妻镜》有一段有趣的记述：第3代将军源实朝头痛不止，荣西献茶，称为"良药"，还附赠名为《吃茶养生记》的书。此书是荣西撰写，开头热情洋溢地写着"茶乃养生之仙药"。上卷详细介绍了茶的栽培、加工以及茶叶的多种效能，下卷写了如何用茶治病养生。可见它不仅是日本《茶经》，也是一部健康养生作品。

得益于荣西法师的大力推荐，茶叶的种植地越来越多，伊势（现三重县）、骏河（现静冈县）等地开始出现小规模的茶园。

进入室町时代，粗鄙不文的武士也体会到茶的妙处。他们常在作战前浓浓饮一碗，以求在战场精神百倍，闲暇无事时也以茶取乐，轮流召开豪华茶会，斗茶的赌博游戏也风靡一时。"斗茶"是通过品尝茶汤来判断茶叶产地的比赛活动，因为赌注颇大，参加斗茶的武士们凝神静气，拼命去品口中茶汤到底来自何方。

京都栂尾山是最高级茶产地，栂尾茶被称作"本茶"，其他产地的叫"非茶"。斗茶会上，素日放荡不羁的武将浅饮一口，细品半日，惴惴不安地吐出"本茶"或"非茶"的字眼，实在是紧张又有趣的景象。斗茶比赛规模渐大，四种十服茶等赛法出现，赌注越发贵重。到了室町幕府第3代将军足利义满的时代，全国局势渐渐平静，武将们收敛了一掷千金的放肆做派，红极一时的斗茶也成了明日黄花。不仅如此，"宇治茶"横空出世，地位崇高的栂尾茶遇见了强劲对手。

孟子曾云："君子远庖厨"，世间很多事都不可细想：不杀生就没肉吃，不施肥种不出漂亮花朵。要品清香茶汤，得有优良茶叶，茶要长得好，一年至少施 10 次肥。遥远的室町时代哪有工业肥料，人粪尿是最高等肥。京都是政治中心，居民生活品质远较其他地区为高，从京都收集的粪尿质量最佳。每天清晨，一船船肥料沿宇治川送进宇治茶园，茶园规模越来越大，茶叶质量也赶超天下第一的栂尾茶。因为茶叶产量倍增，饮茶不再是公卿显贵的专利，家境殷实的商贾也开始一品茶汤的神秘滋味。

战国大幕缓缓揭开，随着武野绍鸥、千利休等知名茶人的出现，日本茶道体系渐成。武野绍鸥是豪商出身，年轻时在京都学习和歌、禅宗，将先贤村田珠光"不足之美"的禅学思想发挥到极致。他削竹为茶筅，切木做碗盖，挑选毫无纹饰的木瓶做花器。武野绍鸥的弟子千利休进行了更广泛的实践：他认为"不足之美"不单体现在茶器上，大到茶室的建筑、茶会的样式，小到泡茶的手法，宾主的交流都可奉"不足之美"为指导思想。村田珠光开创的"寂"茶道，经武野绍鸥承上启下，最终在千利休手中成为体系。

茶道由华美走向枯淡，宇治茶的地位并未被动摇。江户幕府成立后，因首代将军德川家康、第 2 代将军秀忠的偏爱，宇治茶成为指定的"献上茶"。宽永四年（1627 年），第 3 代将军家光任命上林家等专业茶师为"宇治御茶师"，专门制作向朝廷、幕府进贡的宇治茶。从此，每年 5 月，一支名为"御茶壶道中"的队伍带着空茶壶从江户出发，沿东海道迤逦来到宇治。上林家将精心挑选的茶装入茶壶，浩浩荡荡的队伍再赶回江户，一路上威风凛凛，石高百万的顶级大名遇见都得让路。

献给将军的茶叶是碾茶。快到收获时，茶师用苇帘或纱布遮挡茶树，让新芽不受直射阳光暴晒。这样叶片更柔嫩，苦味少而甘味重，香气浓郁。新芽上屉蒸熟，不用手揉直接干燥，得到的就是碾茶。碾茶入石臼细磨，就是碧绿细腻的抹茶了。蒸熟后手工揉制，那就是玉露，日本茶最昂贵的一种。

宇治茶园一望无际，苇帘遮挡的茶田只有小部分，大部分仍露天栽培。在江户中期，宇治茶农永谷宗圆想出了煎茶的制法：选露天茶树的嫩芽，蒸后揉制干燥，滋味清淡又不失香气，永谷宗圆叫它"青制煎茶"，后名"宇治制煎茶"。江户"山本山"的店主、第4代山本嘉兵卫认为煎茶有推广价值，取了个"天下一"的炫目名字，很快成为江户的热门产品。煎茶喝着方便，价格也低些，在社会慢慢下渗，变成庶民百姓的生活必需品。

山本山不光成功普及了煎茶，日本茶中的"高岭之花"玉露也是该店推广起来的。天保六年（1835年），第6代山本嘉兵卫（号德翁）亲自指点宇治茶农，请他们将精选茶揉成略圆的形状，看上去像停在绿叶上的露珠，山本嘉兵卫起名"玉露"，很快成为供不应求的佳品。到了幕末，玉露还成为出口国外的热销品，换来不少外币。

抹茶、玉露虽好，毕竟不适合日常饮用。如今煎茶已是日本茶的代表，每年生产的茶叶约75%是煎茶。绿油油的茶园里，新芽浴着阳光生长，4月被采下，5月初进入千家万户。舀两匙在壶中，冲上80℃左右的热水，饮一口，满口香气，还有淡淡回甘。除了感谢茶农，爱饮茶的日本人也该感谢荣西，感谢他再次将茶带到日本。

店 铺 推 介

上林春松本店：上林家曾是江户时代献上茶的御茶师，"上林春松本店"从永禄年间营业至今，已有450年历史。店内最高级的玉露"京誉"香气清雅，回甘浓郁，是玉露里数一数二的精品。一罐100克，含税10800日元，价格稍贵，但能一品幕府将军级的茶叶，也是物有所值。

地址：京都府宇治市宇治荫山10，有网店。

竹茗堂：静冈老店"竹茗堂"创业于天明元年（1781年），至今已有230余年历史。该店煎茶选择山地生长的优质嫩叶，手工揉制，茶汤是淡淡金色，微有苦味，回甘明显。推荐使用70℃~80℃的热水，浸泡1分钟。100克约3000日元，价格适中。

地址：静冈县静冈市葵区吴服町2-4-3。有网店。

礼部员外郎与外郎饼

礼部員外郎とういろう

人物小传：足利义满

室町幕府第三代将军，对政敌像秋风扫落叶一样无情，对出身高贵的女性如春天般温暖。大权在握还一心想做天皇，曾主动写信给明朝皇帝拜码头。天皇受了他不少气，公卿贵族都拿他没办法，谁知他急病猝死，大家才松了一口气。因他死得蹊跷，直到今天都有史学家怀疑他是被毒死的。

"诸位官人知不知，在下店主是何人？离开江户二十里，正是相州小田原。一色町已过，再去青物町，有个栏杆桥虎屋藤右卫门。如今已剃发，法名叫圆斋……"

这段文字看着像快板，其实是歌舞伎剧目《外郎卖》的台词。如今歌舞伎是艰深的高雅艺术，普通人难得一观，这台词却十分流行。在日本雅虎稍加搜索，不光有台词原文，还有数位人气声优为粉丝录下的"示范段落"。它有不少发音相近、拗口绕口的词语，还得念得急又快，有些绕口令的味道。有志做配音演员、播音员的年轻人必须反复念诵，要说得一字不差，还要有节奏感。

"外郎卖"听着古怪，指的是卖"外郎"的小贩。台上歌舞伎演员扮作小贩，滔滔不绝地介绍外郎的由来与好处，"放一颗在舌上，胃心肺肝都舒坦"，原来是种妙药。不过，除了药，有种果子也叫外郎。外郎药和外郎果子，发明人都是一位 600 多年前赴日避祸的陈姓中国人。

中国浙江曾有一家陈姓望族，在元朝代代为官，到了陈延祐一代，在元顺帝手下做礼部员外郎。1368 年朱元璋灭元，陈延祐认为忠臣不事二主，携家眷逃往日本博多。为表不忘旧事，陈延祐将员外郎官名缩成外郎，自名陈外郎。

陈延祐会些医术，远渡异国无以为生，改做汉方医。当时日本处于室町时代，陈延祐医好不少病人，很快名声大噪，成了第 3 代将军足利义满的座上宾。陈延祐老死，儿子陈宗奇子承父业，做了朝廷典医，还被赐了宅子，正在将军邸边上。当时将军邸叫"花之御所"，在今日的京都上京区，绝对的"一环内"，寸土寸金的好地方。

陈宗奇喜欢研究药方，曾仿照中国灵宝丹方子，用人参和麝香等药材配出一副万能药，深受公卿显贵欢迎。该药呈丸状，含在嘴里清凉醒脑，能医头晕恶心、呕吐、中暑等诸般病症。京都暑热，公卿上朝时把药塞进乌帽子携带，需要时摸出一丸含着。一日，一位公卿与天皇闲聊，时间久了，乌帽子里的药丸融化，发出沁人心脾的香气。天皇问了来由，当即赐了"透顶香"的名字。透顶香虽然文雅，念起来繁难，因是陈外郎家制，时人图便利，称为"外郎药"。

陈宗奇很得将军信任，不光任典医，也兼任接待外国使节的工作。有朋自远方来，自然要奉上美食美酒，陈宗奇不忘故乡吃食，兴致勃勃地试制中式果子。可惜日本砂糖全靠从琉球等地进口，数量有限。听说日本也进口甘蔗做药材，陈宗奇命人用甘蔗炼糖，阴差阳错得了滋味浓郁的黑糖。他将错就错，取糯米粉与小麦粉混合，加水搅拌成糊，再细细筛入黑糖，入锅慢火煮沸。糊糊黏性大，加热时要不停搅拌，若是粘了锅，哪怕生出一丝烟味，也坏了糯米清香。

等锅中糊糊越发黏稠，倒入木质模具，反复摇晃，让表面变得光滑。之后上锅急蒸，糊糊凝成固体，呈茶褐色半透明状，一种新果子就此诞生。

陈宗奇满心忐忑地尝了尝，有黑糖和糯米的香气，嚼起来颇有弹性。这种果子口感独特，不但用来招待外国宾客，也很快在公卿间流传开来。因是外郎家的创意，它被叫做"外郎饼"。

陈宗奇死后，他的子孙依旧在朝廷做典医。应仁元年（1467年），围绕着幕府将军继嗣问题，绵延十数年的"应仁之乱"爆发，繁华的京都日渐荒废。陈宗奇的曾孙定治应关东大名北条早云邀请，去小田原一带避难。与战乱频仍的京阪地区相比，北条治下的小田原是难得的净土。定治在那里扎下根，外郎药、外郎饼也在关东传播开来。

江山代有才人出，各领风骚数百年。北条后有丰臣，丰臣后有德川，可无论丰臣政权还是德川政权，世人总离不开药与食。陈家在小田原开枝散叶，代代制售外郎药与外郎饼。时间久了，这两样也成为连接江户与京都的交通干道"东海道"上的"名物"。

江户时代旅人多步行，东海道沿途设了 53 个供人打尖住店的宿场。小田原宿是从江户出来的第 9 个宿场，旅店酒铺鳞次栉比，十分繁盛，陈家的外郎店也在此处。旅人路过，总要买一些外郎药和外郎饼，或自吃，或带回做礼物。十返舍一九的游记《东海道中膝栗毛》设计了一个桥段：主人公弥次和喜多误把外郎药当做外郎饼，拆开包装吃了一口，闹了大笑话。

江户晚期的画师歌川广重创作了系列浮世绘《东海道五十三次》，描出 53 个宿场不同的景象。画小田原宿时，他选了旅人横渡小田原酒匂川的场景。当时酒匂川 10 月到次年 3 月架桥，4 月到 9 月没有桥。歌川广重图中的旅人是徒步过河的，大致猜得出时间。夏天外郎药卖得最好，不知他们有没有买呢？

出于偶然机缘，外郎药还登上了歌舞伎舞台。"江户三座"之一的森田座第 2 代市川团十郎咳嗽痰多，一上台就喉咙作痒，表演大受影响。吃了小田原的外郎药，他很快痊愈，再次登上舞台。市川团十郎心怀感激，认为良药该让更多人知道，于是编了一段《外郎卖》，享保三年（1718 年）在森田座首次演出。团十郎在台上扮成卖药郎的风流形貌，背上药箱装的正是外郎药。团十郎原只是投桃报李，没想到这段《外郎卖》大受欢迎，成为团十郎家保留剧目"歌舞伎十八番"之一，300 余年后的今天还成了声优训练素材。

外郎店如今依然存在，它坐落于神奈川县小田原市，店主是陈外郎家第 25 代，仍日复一日制作外郎药和外郎饼。店中外郎饼除了传统黑糖味，也添了抹茶、白扁豆和小豆等新口味。隔壁还设了个小小的博物馆，展出 600 年来外郎家的各种遗物。

若路过小田原市，真该去外郎店逛一逛。买一盒外郎药，念一段外郎卖，再吃一块外郎饼，看看眼前的陈姓后人，再想想600多年前那位叫陈延祐的元遗臣，会不会突然生了一日千年的沧桑感呢？

店 铺 推 介

外郎元祖店：陈外郎后代开设的"外郎元祖店"在神奈川县小田原市，出售传统制法的外郎饼与外郎药。近些年环境恶化，制作外郎药的天然药材急剧减少，外郎药产量骤减，只提供当面诊疗销售，不承接网络订货。

地址：神奈川县小田原市本町 1-13-17。

青柳总本家：和小田原外郎店比起来，开业于明治十二年（1879 年）的"青柳总本家"算后起之秀。青柳店名是最后一代尾张藩主德川庆胜所赐，昭和六年（1931 年）开始制售"青柳外郎"，逐渐成为全国知名的外郎专卖店。青柳总本家以名古屋为中心，全国各大机场、百货公司均有销售。

总店地址：名古屋市中区大须 2-18-50。

战国时代

约 1467 年—1573 年

室町幕府原先坚如磐石，可惜连出了几个败家将军，手下武将蠢蠢欲动起来。将军还在京都，但不务正业不管事，武将们争地盘打得不亦乐乎，因此这段时期又被称为战国时代。

战国武士过着有规律的生活，早上3点到5点间起床，毕竟战乱频仍，没准有敌人夜袭，睡懒觉是不行的。起床后巡逻、拜神，再换衣服去主君的城里上班。身份高的武士要管自己领地里的大小事宜，一直忙到下午。傍晚6点左右关大门，8点左右睡觉。武士们每天要练武，不光练弓、刀、长枪和火枪，还要练骑马、游泳和相扑。织田信长是相扑好手，德川家康也是游泳健将。

除了练肌肉，武士们还要学文化。除了学源自中国的"四书五经"，还要学本国的古典文学，《源氏物语》《古今和歌集》都是必读书。有身份的大名还要学蹴鞠、花道和香道，和朝廷贵族接触的机会多，不懂这些会被瞧不起。普通武士们一天吃两顿，一般一菜一汤，米饭要吃四五碗。大名的饭菜高级点，也无非是蔬菜、海藻、鱼和禽类，加上梅干等腌菜。武士们都是重口味，腌菜很咸，还爱吃咸得骇人的味噌。

战国时代动不动打仗，吃两顿不够，晚上还要加餐。战场上只能吃耐保存的军粮，又叫阵中食。阵中食花样繁多，有经过干燥的米饭、米和豆类团成的兵粮丸、炒过的味噌、晒干的芋头茎、粽子面条，还有耐消化的年糕。庶民们平时吃杂粮煮的稀饭，只能吃得半饥不饱，一打仗上战场，放开肚皮吃军粮，一顿吃五六碗糙米饭没问题。打完仗回家，可没免费的粮食吃啦！

织田信长与汤渍

織田信長と湯漬け

人物小传：织田信长

知名武将、造化弄人的代表。青年时于桶狭间打了场以弱胜强的漂亮仗，从而崭露头角。之后连续出击，并将室町幕府将军足利义昭赶出京都，直接导致幕府覆亡。他修筑了华美宏伟的安土城，还野心勃勃统一全国。后被手下武将明智光秀袭击，于京都本能寺自尽，壮志未酬身先死。

提起泡饭，南方的朋友可能有些感触。在不讲究营养的从前，普通家庭的早餐颇为马虎：前晚的剩米饭盛出来，从暖瓶倒点开水泡饭，再加几筷子酱菜就是一顿。

日本有种吃食叫"汤渍"，和泡饭十分相似。日文"汤"是热水之意，所谓"汤渍"是热水泡冷米饭，与腌菜、炒味噌同吃。吃汤渍也有规矩：碗里热水不能先喝，等饭粒捞尽，再一口喝尽水，这才算吃好了。

汤渍出现于何时已不可考。有史料记载，在1400多年前的飞鸟时代，政治家苏我入鹿权倾朝野，也树了不少仇家，仇家选了刺客，准备要他的命。苏我入鹿是大人物，刺客出发前心中惴惴，米饭嚼在嘴里，怎么都咽不下。有人出了主意，用水泡饭吃——可见当时便有汤渍了。不过，受命刺杀苏我入鹿的也是名门贵子，所以汤渍听起来寒酸，却不是下等吃食。

成书于公元 1000 年左右的《今昔物语集》也提到了汤渍：公卿三条中纳言为身躯肥大所苦，医师建议"冬吃汤渍，夏吃水渍，有益健康。"汤渍是热水泡饭，水渍是冷水泡饭，一点油腥也无，自然能减肥。谁知三条中纳言弄错了重点，用腌菜和干鱼佐餐，每顿吃尽数碗汤渍，不但没瘦，反而更胖了。

到了距今 800 多年的镰仓时代，京都公家的欢宴结束前，侍从会上些汤渍让公卿们同食。可能为了清口醒酒？和现在有些日本人喝酒后吃拉面一个道理。

战国时代战乱频仍，却是汤渍大放光彩的时期，不少武将出征前、收兵后都得吃上一碗。赫赫有名的织田信长和德川家康出身一西一东，都是汤渍爱好者。据太田牛一的《信长公记》记载，桶狭间之战打响前，织田信长发出"吹响螺号，送上铠甲"的号令，站在坐骑边吃了碗汤渍，之后披挂盔甲，飞身上马。也许是肚里有粮，心中不慌，织田信长以少胜多，敌将今川义元还丢了脑袋。

与威风凛凛的织田信长相比，德川家康顿时矮了一截。家康狡猾多智的形象早深入人心，他也有过初生牛犊不怕虎的时候。那年家康 30 岁，"甲斐之虎"武田信玄带兵去京都，经过他控制的三河地区。家康绞尽脑汁，想出个新颖阵法，想打败武田信玄扬名天下，未曾想被久经沙场的武田军三下五除二冲乱阵形，要不是家康身边家臣机灵，让他先撤，没准折在战场上。德川家康快马加鞭回到自家城池，吃了碗汤渍，一言不发地盖上被睡了。直到第二天睡醒，才算惊魂初定。

所以汤渍不光是胜利餐，也是安慰饭，它陪伴战国武将们度过了险象环生、惊险刺激的日日夜夜。

战国晚期味噌汤渍开始普及。味噌汤渍是汤渍的进化版，就是味噌汤泡饭。吃它也有规矩：中途只加饭，不加汤，一开始算好吃多少，并舀上适量的味噌汤。若饭没吃完汤先完了，可能会被笑话——自己饭量都不知道，怎能打胜仗？

细想想，汤渍的流行并非偶然。江户时代前日本人吃的是蒸米饭，蒸饭用"甑"，就是一种陶制器具。蒸出的饭硬而干，没有黏性，后人称为"强饭"。江户时代人们开始加水煮饭，煮出的饭软而粘，称为"姬饭"。姬饭泡水滋味不佳，此时出现了汤渍的高级进化版，也就是茶泡饭，日本叫"茶渍"。

日本茶源于中国，800多年前禅僧赴南宋学禅，带回茶种培植，饮茶习惯逐渐在朝廷与佛寺普及。战国时代不少武将醉心茶道，京阪地区的富商也对茶产生兴趣。茶道主流是抹茶，开水冲泡茶叶的"煎茶"在江户中期才出现。抹茶浓郁苦涩，不适合泡饭，所以茶渍出现在江户中期以后。

到了江户晚期，茶渍在江户大小饭馆普及，米饭浇上热茶汤，配上清爽腌菜，吃着有滋味，价格也不贵。江户人以见多识广自居，最爱豪华价贵的吃食。江户最负盛名的料亭"八百善"曾应豪客要求特制"天价茶渍"，每份1两2分金，相当于一家四口数月的伙食费。

据《宽天见闻记》记载，那天价茶渍用料极讲究，米饭由粒粒精选的越后米煮成；茶叶是宇治产的玉露；泡茶的水专从几十里外的玉川水源地运来；佐餐腌菜是手指粗细的嫩茄子和上好的越瓜。各种食材都极尽豪奢，1两2分金的价格也算良心。

今天茶渍已是日本家庭的常见吃食。海碗装上米饭，依喜好放入干鲑鱼末、芝麻、海苔和碎梅干等食材，再浇上碧绿清香的茶汤。夏天吃着清爽，冬天吃着暖和，一碗下肚，幸福感顿生。

茶渍做起来不难。不过，为迎合现代人省时省力的心理，"味之素"等品牌纷纷推出茶渍便利装，各类佐餐食材干燥后压缩成颗粒，和调料一起装入小袋。想吃茶渍时，无需亲手泡茶，无需准备佐餐小菜，只需舀出一勺冷饭，再撕开一包便利装，冲入开水即可。一袋只售几十日元，价格便宜，单论滋味也不错，虽没了自己调制的闲情逸致，好在着实简单，堪称懒人首选。

店铺推介

鲷匠 HANANA：茶渍滋味清淡，做起来简单，对食材要求却严，所以出产宇治茶和上等京蔬的京都是茶渍重镇。位于岚山大道边上的"鲷匠 HANANA"的鲷茶渍是供不应求的绝品。该店茶渍十分正式，不像简餐，有怀石料理的风味。每份包含鲜鲷鱼刺身、应季京蔬、京腌菜和小甜点。先吃两片刺身，再将余下刺身淋上芝麻酱做茶渍，味道鲜甜，值得一试。

地址：京都市右京区嵯峨天龙寺濑户川町 26-1。

若想在家吃茶渍，"永谷园"和"味之素"等厂家出品的"茶渍之素"是必买品。有梅干、芥末、海苔和鳕鱼子等多种风味可选，亚马逊、乐天等网店均有售。

上杉谦信与笹团子

上杉謙信と笹団子

人物小传：上杉谦信

知名武将，因用兵如神被后人尊为"军神"。他相貌堂堂，眼光锐利，是千杯不醉的酒豪，也是善写和歌的文化人。他为人仗义，尊重传统，多次挺身保护关东管领上杉宪政，后改姓上杉，当了新一代关东管领。他曾与名将武田信玄多次对峙，总是难分胜负。后决定与织田信长决一死战，大军尚未出发因脑溢血病亡。

上杉谦信是最神秘的战国武将。他笃信佛教，不沾一点荤腥；他终身未娶，翻遍史料也找不到绯闻；他时不时身体不适，房门都不出，面色苍白，似乎得了重病。因为以上奇异表现，关于他的传闻车载斗量。有人言之凿凿，说他只爱少年郎，不爱女娇娥，亲卫队全是美少年。还有更叫人目瞪口呆的说法：上杉谦信是假充男子的女孩，每月数日不出门，全因生理原因。

不管上杉谦信性别如何，性向怎样，都是战国最杰出的武将。

他被称为"越后之龙",一生没打过几次败仗。他也被看做最可能夺取天下的人,可惜出征前因脑溢血倒下,出师未捷身先死,令后人扼腕叹息。

日本人爱悲剧英雄,因此上杉谦信人气极高。新潟县在战国属越后,是上杉谦信的领国,因这层渊源,新潟县民对他的爱炙热而持久。新潟有种名叫"笹团子"的乡土美食,不少人坚信它是谦信400多年前发明的——上杉谦信不光是战场上的常胜将军,更是善于发明的美食家。

不过,这种说法没有史料支撑,牵强附会的可能性极高。《北越军记》记载了笹团子是谦信家臣、"上杉四天王"之一宇佐美定满的发明。士兵携带笹团子做军粮,团子自食,笹叶喂马,里外都不浪费。可惜《北越军记》的作者是定满的孙子,是否在为祖先涂脂抹粉?可信度较高的军记《北越风土记》写到,天文二十三年(1544年),上杉谦信准备出征,一名果子匠模仿中国粽子,用笹叶裹米粉试制笹团子,献给谦信做军粮。可见不管具体发明人是谁,上杉军可能真用过笹团子做军粮。别看笹团子朴素,在战乱频仍的战国时代,已是高级军粮了。

中国有句俗语:"兵马未动,粮草先行"。要想打胜仗,军粮要讲究。可惜在战国时代,专门准备军粮的武将并不多。士兵往往由农民组成,武将一声令下,立刻丢下锄头上战场。出门前在腰上系根芋头秧搓的绳,再系个口袋,装些干米饭、味噌,这些就是军粮。打仗打饿了烧锅开水,把干米饭、味噌、芋头秧丢进去煮,就是一碗热乎乎的味噌汤饭。口袋空了就要打道回府,饿着肚子打不了仗。

战国时代的军粮就是这么粗糙，上杉军稍有不同。越后自古是产米地，也有数量众多的笹分布。笹是矮竹子，古时被当成神圣之物崇拜。据《万叶花谱》记载，一日天照大神心情不悦，躲在天之岩屋不露面，世界被黑暗笼罩。主管艺术的神女天钿女命手持天之香具山的笹叶起舞，天照大神打开门，天地重见光明。直到今日，笹叶都被当做特别的植物。每年7月的"七夕"，日本人会在短册上写下心愿，系在笹枝上，希望笹叶的神力能帮助心愿实现。

日本分布着许多种笹，数量最多的是"九枚笹"，每根茎长9枚叶子，故得此名。九枚笹也称"熊笹"，上杉军的笹团子也是它们制的。熊笹叶子易得，又含有维生素K和苯甲酸，具抗菌、防腐效果。在没有冷藏设备的过去，用笹叶包裹食物防腐，也算古人的生活智慧。

上杉谦信时代的笹团子颇为简朴：越后米磨粉，加水调成团，捏成一个个团子，然后塞入咸味馅。馅料没有定规，煮熟的萝卜、牛蒡和梅干皆可。之后用笹叶包裹团子，灯心草两头扎紧，上锅急蒸。笹叶本可以杀菌，又经过加热的二重消毒，充分保证了军粮的安全性，士兵们绝不会在战场上跑肚拉稀。

上杉谦信死后30余年，德川家康一统天下，漫长的江户时代到来。硝烟与战火渐渐远去，笹团子却保留下来，成为越后地区的乡土美食。春日熊笹叶子最嫩，町人百姓摘下过热水风干。端午节再用冷水浸泡，干笹叶吸饱了水，恢复了水灵灵的模样。糯米粉团团子，塞入牛蒡腌菜等食材，或简单放些芝麻、味噌，最后用笹叶包裹扎紧，上锅蒸一蒸，十个一串吊在竹竿上风干。

笹
団
子

笹团子在风中微微摆动，孩子们馋得口水直流，偷一个吃掉，那滋味一生都忘不了。

砂糖原是贵重物品，明治时期才成为庶民调味料，笹团子也多了砂糖小豆馅的新品种。小豆笹团子是后起之秀，却成了最受欢迎的口味，不光新潟县，全国各地都有售。与400多年前相比，今天的笹团子讲究许多：糯米粉和粳米粉按7∶3或6∶4的比例混合，加水拌匀，再加入艾草末和砂糖，团成一个个碧绿团子。团子里填入煮好的砂糖小豆馅，用笹叶和灯芯草包裹捆扎，最后上锅蒸。笹叶是神圣物，艾草生命力强，也是好口彩的植物，小豆更是驱邪避祸的物事，几种好食材混在一起，吉祥又好吃。虽与上杉军时代的笹团子模样不同，却在全国范围普及，成为广受喜爱的端午时令食品。

笹团子在新潟县民心中占有重要地位，同是新潟名产，笹团子似乎比米果、清酒、鲜鱼和毛豆等高出一级，"故乡味"特别浓。新井满是著名歌手、作家，也是新潟县人，时常给歌人俵万智寄去笹团子做礼物。新井满是有名的时髦人，却念念不忘故乡土产，俵万智心生感触，也作歌一首："穿三宅一生的年轻人，说起笹团子，脸上有骄傲。"可见笹团子不光是美食，更是饱含新潟人乡土情意的吃食。

若是端午时节来到新潟，不妨买些笹团子尝尝。剥开青翠的笹叶，里面不光有清香糯米和甜蜜豆馅，也有新潟人对故土炽热的爱。

店 铺 推 介

田中屋本店：新潟县新潟市的果子店"田中屋本店"是昭和六年（1931 年）开业的老店，制作各类和果子，尤以笹团子闻名。田中屋有"团子田中屋"的美誉，被新潟市民称为"笹团子第一家"。该店还设有"MINATO 工作坊"，可以现场观摩笹团子的制作过程。

地址：新潟县新潟市江南区江口。

N'ESPACE 表参道新潟馆：若不能特地去新潟品尝，可以在东京表参道的 N' ESPACE 表参道新潟馆购买笹团子。一盒 5 只，小豆口味。

地址：JR 山手线原宿站下车徒步 10 分钟即到。

武田信玄与宝刀面

武田信玄とほうとう

人物小传：武田信玄

知名武将，有"甲斐之虎"的美名。他的一生是战斗的一生，先赶走父亲，自己做了甲斐（今山梨县）的国主，又袭击信浓（今长野县）的诹访、伊那，和上杉谦信、北条氏康等邻居打了多年仗。后与北条氏议和，试图带兵赶往京都，半路胃癌发作，死在荒郊野地。

华美灿烂的平安时代，公卿贵族万事讲究等级，一饮一食、一举一动都要合乎出身与官位。奈良的春日神社供着外戚藤原氏的氏神，子弟去祭拜，都在马场殿的黑木御所大摆宴席。那里有专门的"握舍"，舞妓在里面翩翩起舞，还随着音乐节拍和面做餺饦，再分给藤原子弟吃。藤原氏杰出人物藤原道长也在日记《御堂关白记》写道："早朝就马场殿，吃餺饦如常"，说明这已是惯例。藤原道长的后代藤原赖长也描述过 12 名舞妓两人一组做餺饦的场面：新煮好的餺饦盛在高杯里，与红豆汤同吃，当时红豆汤大都是咸的，就它吃馎饦，不知是什么味儿呢？

不光藤原氏，平安才女清少纳言也在《枕草子》中提到它："稍候片刻，加了越瓜的馎饦马上送到。"越瓜是搭配小菜，馎饦才是主角，它到底是什么精致吃食，让平安贵族们屡屡提到呢？

馎饦其实是面食，准确说是古代的面条。早在公元 6 世纪，贾思勰著《齐民要术》，系统介绍了不同食材如何种植、贮藏和利用。该书被遣唐使带到日本，很快产生巨大影响。书中记载了面食"馎饦"的做法：小麦粉加水成团，揉成拇指粗细的长条，再切成两寸长的段。浸入冷水捞出，按压成细长薄片下锅急煮。成品洁白有光泽，入口顺滑，不同于凡品。日本人按《齐民要术》依样画葫芦，于是馎饦生根发芽。到了平安时代，辞典《和名类聚抄》也提到馎饦：小麦粉揉成团，按压使其变薄，再用刀切段。如此看来，藤原道长等人吃的是又宽又薄的面。想想贵族们兴致勃勃看着别人和面做面条，再呼噜呼噜大吃的场景，忽然觉得他们亲切了许多。

随着时间的推移，馎饦逐渐褪去舶来色彩，成了地道本土食物。到了室町晚期，不光公卿贵族，沙场征战的武将也开始吃。甲斐大名武田信玄的家臣高井高白斋留下本珍贵史料《高白斋记》，提到骏河国主今川义元风光嫁女，专门给家臣上了馎饦以示庆祝。今川家门第高贵，嫁女时吃馎饦，可见它是上等吃食。

16 世纪中期以来，室町幕府势力衰微，群雄逐鹿，都想把天下握在手中。为了打胜仗，各武将孜孜不倦钻研兵书。甲斐的武田信玄是《孙子》一书的粉丝，《孙子·军争篇》提到"（用兵要）其疾如风，其徐如林，侵掠如火，不动如山"。武田信玄把这话牢牢记在心里，设计出一面旗帜，就是鼎鼎有名的"风林火山"旗。

武田信玄是天生的良将，一生打过70多场大战，只输了几场。他被称为"甲斐之虎"，只有上杉谦信这"越后之龙"才能和他一较高下。武田信玄在《甲州法度之次第》里说：和平静谧也好，舞蹈宴会也罢，哪怕狩猎也不能忘记作战。要时时准备，一刻不松懈。优秀武将自然不会忘记研究军粮，上杉军携带笹团子，武田军把小麦粉做的馎饦当军粮。

馎饦原是上等吃食，武田信玄用它充军粮，并非出手豪阔。上杉谦信的越后领地是有名的米产地，现在越后米都是一等一的名牌。甲斐是山地，农民们在山间艰难开垦，种植大豆、小麦和荞麦等作物。武田信玄因地制宜，以小麦制的馎饦为军粮，再带上些味噌，主食和调味品都有了。寒冬腊月时候，鸣锣收兵后，士兵点上篝火，吃一碗热腾腾的味噌面，一天的劳累都没了。《高白斋记》提到武田军打仗之余会采野菜，还捕捉野生的鹌鹑。我们不妨试想：鹌鹑拔毛，丢入锅里做汤底，放馎饦和味噌，再添上绿色野菜。鹌鹑香喷喷，野菜脆生生，汤清面白，吃起来一定不错。

到了江户时代，馎饦成为甲州（甲斐）町人百姓的日常吃食。江户来的武士野田成方在地方志《里见寒话》里记录了味噌煮的馎饦，称之为甲州美食。游方僧人也在修行日记中提到甲斐名物馎饦。直到明治、大正时期，味噌煮馎饦都是当地不可或缺的重要主食，"早吃糊糊，午吃麦饭，晚吃加了南瓜的馎饦"。对小姑娘来说，学做馎饦是嫁人前必修的技能，"做不好馎饦就不算大人"。

甲州就是今天的山梨县，山梨县民对味噌煮馎饦爱到骨子里。"馎饦"的发音是"ほうとう"，山梨县民非说是同音不同字的"宝刀"。至于为什么叫宝刀，他们煞有介事地说武田信玄曾用腰间宝刀切面做ほうとう，所以叫宝刀这名字。就算武田信玄当真心血来潮做馎饦，特地用佩刀来切，也是杀鸡用牛刀了。

因为山梨人坚持不懈的宣传，全日本都承认宝刀面是山梨名产，路过都吃上一碗，畅想 400 多年前甲斐之虎的英姿。宝刀面制法简单，但和乌冬面有区别：小麦粉和成面团，用擀面杖擀薄，叠成几层后切成宽条，面里不加盐，也不用醒面。取大锅加水，放入小干鱼煮高汤，依喜好加时令蔬菜，夏天一般放大葱、洋葱或土豆，冬天用胡萝卜、白菜和香菇等。蔬菜煮软后加味噌和宽面同煮。这种宽面没有醒过，也没预先过水，质地绵软，入口即化，和乌冬面大不相同。

山梨的宝刀面一定会放南瓜，因此山梨也有句俗语，看人做事机灵，说话漂亮时，会赞一句"不错啊，像南瓜宝刀面一样好。"这句话被搬上电影银幕，由《男人真辛苦》的主角寅次郎说出来，很快成了风靡全国的口头禅。2007 年，南瓜宝刀面也成为山梨名吃的代表，被选入"农山渔村乡土料理百品"。

地道的山梨宝刀面是纯素的，吃的是味噌与蔬菜的质朴味道。不过消费者的口味日渐刁钻，一些面店加猪肉鸡肉同煮，给宝刀面添了些新鲜滋味。武田信玄是虔诚的佛信徒，若地下有知，可能对新版宝刀面不以为然吧？最近还有些海鲜宝刀面，汤里放了斩成块的海蟹——武田信玄生在山国，长成青年前都没见过海。

姐姐嫁到骏河，托人捎来贝壳，他视若珍宝，用锦囊小心收藏着。对这样一个内陆青年来说，怎会知道海蟹的滋味呢？

店铺推介

宝刀不动：雅虎搜索排行第一的宝刀面专门店。店内只提供一种宝刀面，制法传统，味道怀旧。宝刀面装在大铁锅中，搭配木勺食用。配料毫无荤腥，只有海鲜菇、白菜、洋葱、胡萝卜和南瓜等蔬菜。汤里添加了手制甲州味噌，但盐分控制得恰到好处。

地址：山梨县南都留郡富士河口湖町河口 707。

甲州宝刀·小作：仅次于"宝刀不动"的名店。店主自信满满，称"吃过小作的南瓜宝刀面，就再也忘不了。"和宝刀不动不同，小作的宝刀面种类更多，猪肉宝刀、鸭肉宝刀、野猪宝刀和熊肉宝刀等应有尽有，适合"肉食者"光顾。

地址：山梨县甲府市丸之内 1-7-2，河口湖、山中湖等地也有分店。

本愿寺显如与松风

本願寺顕如と松風

> ### 人物小传：本愿寺显如
>
> 　　一向宗僧人，本愿寺第 11 代，拥有众多教徒，势力极大。织田信长率兵攻打西国，途中与他发生冲突，之后打了 10 年硬仗。正亲町天皇出面调停，显如离开本愿寺，去别处隐居，信长死后回归大阪。他与继任者丰臣秀吉关系融洽，秀吉赐他京都一块地，让他重建了本愿寺。

　　2016 年，山下智久和石原里美两大人气偶像共演了一部电视剧。剧中山下智久是身披法衣的和尚，却和石原小姐正儿八经谈恋爱，让中国观众丈二金刚摸不着头脑。其实人物设定没毛病，日本和尚也是上班族，念经超度只是工作。到了下班时间，未婚的谈情说爱，已婚的陪老婆孩子吃饭，和普通人没有不同。

　　1000 多年前的日本和尚和今天大不一样，当时佛寺修得像城池，住持手下还有僧兵组成的武装集团。平安晚期，东大寺、延历寺和兴福寺等佛寺时常持械闹事，连朝廷都不放在眼里。狡猾多智，有"大天狗"之称的白河法皇也哀声长叹："世上三大不尽如人意，一是贺茂川的水，二是骰子的点数，三是山法师。"前两个好理解：京都边的贺茂川不时泛滥，骰子老掷不出想要的点数，的确教人烦恼。山法师指比叡山延历寺的僧兵们，时时以武力要挟朝廷，实在可恨。

进入战国时代，一向宗（净土真宗）成为最强有力的宗教势力。石山本愿寺是一向宗的本山，财雄势大，不输于强势大名。永禄十一年（1569 年），尾张大名织田信长将足利义昭送上室町幕府 15 代将军宝座，从此成为"影子将军"，对各大名颐指气使。石山本愿寺也未能幸免，织田信长以将军名义下令：本愿寺要缴纳 5000 贯钱，还要从石山搬到别处。

石山本愿寺的法主显如上人答应交钱，但不愿搬走。本愿寺规模宏大，显如上人怎愿放弃？他几次托人说情，织田信长就是不应。信长样子粗豪，心思却细，要钱是幌子，要地才是真心。石山就是今天大阪的上町台地，在淀川的河口位置，离京都很近，也在去贸易港堺的必经之路上；进一步说，此处也是讨伐毛利、岛津等西国大名的最前线基地。石山的位置如此重要，信长心心念念要成为天下第一人，怎能让它留在别人手上？

双方均不让步，最终冲突爆发。织田军挥师来到石山本愿寺附近，显如上人也在元龟元年（1570 年）9 月 12 日夜敲响本愿寺大钟，向天下一向宗门徒宣布：与织田信长的死战从此开始！旷日持久的"石山合战"拉开序幕。

法主一声号令，长岛、近江、越前和加贺等地的一向宗门徒蜂起。织田军久经沙场，一向宗门徒只是男女老弱混杂的民团，可他们高唱"进则往生极乐，退则无间地狱"，与织田军殊死搏斗。6 年后，织田军终于扫平了门徒势力，直接进军石山本愿寺。

织田军来势汹汹，显如上人决定做笼城战。信长在本愿寺四方建了 10 多个城寨，断了陆路交通。本愿寺盟友、西国大名毛利辉元改走海路，从大阪湾运物资入本愿寺。织田信长灵机一动，造了长约 22 米、宽约 13 米的巨型船只，甲板全部罩上铁板，毛利水军也在铁怪物前败下阵来。

石山本愿寺与外界沟通的渠道完全切断，很快陷入粮草不足的困境。信仰再坚定，僧人们也得吃饭。眼看本愿寺坚持不住了，京都有名的果子店"龟屋陆奥"伸出了温暖的手。

供佛需要各类供品，本愿寺供品向来由龟屋陆奥独家制作，两家交情极厚。见显如上人愁眉不展，店主大塚治右卫门春近开始研制替代军粮的吃食。当时织田军控制京阪一带，白米难寻，大塚春近打起了小麦粉的主意。

日本人以米为主食，织田信长百密一疏，没想到小麦粉能充军粮。大塚春近把小麦粉与麦芽糖、白味噌混合，静置发酵，再倒入大铁锅烧制，制出极具饱腹感的果子。龟屋陆奥把成车果子送进本愿寺，面黄肌瘦的和尚像看到了救星。有源源不断的果子吃，本愿寺与织田军的战争又持续了一年。直到正亲町天皇出面调停，双方终于握手言和，显如上人承诺离开，织田信长保证不伤寺中一人。长达 10 年的石山合战终于落下帷幕。

停战后，显如上人离开大阪，暂留京都闲居。从腥风血雨一路走过的他在庭园挖泉种树，过上了安闲的隐居生活。一日晚，显如回忆往昔，久久不能入睡。听着窗外夜风拂过赤松的飒飒声响，他挥笔写下"长风掠松，宛若波涛"的短歌。他的旧居石山本愿寺在大阪湾边上，夜里安静，在枕上常听见海浪的声响。这首短歌也是有感而发吧，10年的战斗坏了多少性命，又换来了什么？不过是一场虚空罢了。

显如上人是一向宗法主，却是重人情的人。他特意联络大塚春近，提出把他做的军粮果子命名为"松风"。那军粮果子外观朴素，也有嚼劲，不像一般果子甜腻，颇有些男儿的英武气，和这名字相得益彰。

400余年转眼过，大名武将早成历史，只有松风一直存在，如今也是"京果子"的一员。京果子多纤巧精美，只有松风样子刚健，食感淳朴，连制法也粗犷：小麦粉与麦芽糖混合，均匀搅拌成糊，加白味噌发酵。之后把糊糊倒进圆形铁锅烤制，表面撒上芥子粒。出锅时是一张黄褐色厚圆饼，用刀切成块状，就是本愿寺僧众曾赖以为生的松风了。

松风起源于石山合战的观点流传许久，近些年来有学者提出新说法，认为松风早就存在，只是被人忘了而已。室町时代的人们以为芥子粒有镇咳、镇痛和止痢等药效；味噌不易腐坏，也有辟邪的功效。松风既有芥子粒，也含味噌，饱腹感强，样子质朴，很像灾荒时发放的救灾粮。龟屋陆奥创业于应永二十八年（1421年），应永二十七年天候不顺，全国陷入饥馑，幕府与寺庙竭力救助，依然于事无补，夏天又爆发疫病，死者无数。也许于荒年开业的龟屋陆奥最初做过与松风类似的救灾果子，灾荒缓解后不再制作。石山合战时，店主大塚春近又以它做军粮，引起世人瞩目，加上显如上人赐名，它才为后世所知。

京果子和禅、茶道有密切关联，自古是风雅的象征，松风却是例外。它可能生于哀鸿遍野的饥荒岁月，也可能生于血肉横飞的石山合战，和雅致两字没什么关系。它质朴无华的外表，寻常朴素的滋味，似乎都在讲述一段悲伤的历史。

店铺推介

龟屋陆奥：直到今天，有 500 多年历史的老铺"龟屋陆奥"还在营业，历史悠久的松风果子是他家的招牌果子。回忆战国武将的英姿，朴素的松风似乎也多了特别滋味。松风虽是秋日应季果子，龟屋陆奥全年有售。

地址：京都市下京区西中筋通七条，西本愿寺堀川通南 300 米。

松屋藤兵卫：京都大德寺边上的"松屋藤兵卫"也是有名的松风铺子。所谓近水楼台先得月，此处的松风不仅加有白味噌，也加了大德寺纳豆和芝麻，香气扑鼻。与抹茶搭配别有风味。

地址：京都市北区紫野门前町，大德寺旁。

丰臣秀吉与三色团子

豊臣秀吉と三色団子

> **人物小传：丰臣秀吉**
>
> 　　武将、尾张人，原名木下藤吉郎，侍奉织田信长后改名羽柴秀吉。信长自杀后率兵与明智光秀决战取胜，获得信长继承人的地位。后平定天下，位至关白与太政大臣，改名丰臣秀吉。实行检地与刀狩令，促进兵农分离。晚年出兵朝鲜，战争陷入僵局时病亡。

　　日本人对四季交替十分敏感，春来赏樱、夏看紫阳花、秋观红叶、冬日看梅，都是全民参与的雅事。日本国土狭长，樱花由南自北次第开放，像一条不断推进的战线，被称为"樱前线"。春风一吹，媒体日日报道樱前线到了何方。有雅人会追着樱前线一路向北赏樱，等北海道樱花开尽，最南方的冲绳又迎来梅雨，又是看紫阳花的时候了。

　　在日本，赏樱叫做"花见"，花见的历史可追溯到1400余年前的飞鸟时代。当时有遣唐使做中介，中华好物事源源不断传入日本，梅花也是其中之一。它的高洁姿态、清幽香气赢得贵族们的喜爱，但凡造园一定会种几株。待梅花盛放，他们召集亲友赏梅宴饮，再作上几首和歌，这是日本"花见"的原型。

平安时代遣唐使制度被废止，樱花的风头盖过了舶来的梅花，成为公卿贵族的新欢。平安初期的歌集《古今和歌集》只有18首咏梅，却有70首咏樱花。歌人纪友则歌云："大地天光照，春时乐事隆。此心何不静，花落太匆匆。"此处的"花"单指樱花，春日和煦，处处生机盎然，为何樱花匆匆谢了呢？由此可见，与其他花相比，樱花在贵族心中占有格外重要的位置。

据《日本后纪》载，弘仁三年（812年），嵯峨天皇在神泉苑举办"赏花会"，这是有记录以来最早的"花见"。《凌云集》收了首名为《神泉苑花宴赋落花篇》的汉诗，想必是天皇所作。当时赏的是梅还是樱？书中未细说。嵯峨天皇酷爱樱花，每年地主神社都会按时献樱，赏花会可能是赏樱。上有所好下必甚焉，有天皇提倡，樱花的人气也越来越旺，日本最古的庭园书《作庭记》写于平安时代，里面专门提到"庭中须植樱"。

天长八年（831年）年开始，天皇年年举行赏花会，渐渐成为定例。《源氏物语》也写过赏花会：第8帖《花宴》里，右大臣之女胧月夜于紫宸殿赏花会后初遇光源氏，从此开始一段恋情。从平安时代开始，"花见"专指赏樱，看梅花叫"梅见"，看菊花叫"观菊"，但花见就是赏樱。

对爱风雅的贵族来说，没什么比樱花更符合审美的了。春风一起，满树花朵如锦似霞，远远看去，直如绯色轻云。很快盛极而衰，花瓣飘落如雪，几日前的繁华如一场梦。想再睹美景，

三色団子

只有静待明年，等到花开又一年，那花又不是过去的花了。花开花落正似人的生老病死，太多留恋只是自寻烦恼。所以吉田兼好在《徒然草》里写道：花好月圆固可以观……含苞的枝头、落花的庭院也有趣味。

镰仓时代是武士的时代，"花见"不但在公卿间举行，也扩散到武士阶层。等到室町时代，町人百姓也有了"花见"意识。吉田兼好不无遗憾地写：贵族懂得静赏美景，刚上京的人们在樱树下喧哗吵闹，糟蹋了眼前的好景色。

室町后期起政局不稳，战国大幕逐渐拉开。在连年征战的武将看来，樱花花期短，盛开数日就随风而散，有种命如朝露的不祥感，花见因此进入低潮期。等羽柴秀吉平定天下，成了一人之下万人之上的"关白"丰臣秀吉，华美盛大的"花见"再次复兴。

文禄三年（1594 年）的丰臣政权正值顶峰，丰臣秀吉带着前田利家、伊达政宗等武将及茶人、歌人，赴吉野山召开盛大的"吉野花见"。站在吉水神社极目远眺，上千棵盛放的樱花树尽收眼底，丰臣秀吉直呼"绝景"。

庆长三年（1598 年）3 月 15 日，丰臣秀吉带妻儿、家臣们于醍醐寺三宝院举办盛大的赏花会，史称"醍醐花见"。与 4 年前的花见相比，此次盛会更华美，但隐藏着一丝不安。

两年前的庆长元年（1596 年）是多事之秋。天空有彗星划过，浅间火山喷发，喷出的火山灰一直飘到京都。火山灰混着不明血色物，还有白色毛发，给京都人带来了深深的恐惧。不久，伏见城在突如其来的大地震中全毁。伏见城是丰臣秀吉晚年的居城，在距今 400 余年的当时，地震表明神灵震怒，是不吉之兆。丰臣秀吉讳莫如深，但伏见城中谣言四起，更加重了他内心的阴郁。为一扫地震带来的阴霾，丰臣秀吉下令改建因"应仁之乱"荒废的醍醐寺，并从全国运来 700 棵不同品种的樱树营造庭园。

醍醐花见那日是绝好的天气。三宝院内设了 8 处茶屋，不但有茶，还有来自各地的上等果子，任宾客自由取用。花见有 1500 人参加，人人恣意取乐，宾主尽欢。若用吉田兼好的视角来看，这次花见表面花团锦簇，实质还是平民化的下等玩乐。可见丰臣秀吉虽把天下握在手里，依旧不改爱热闹的平民气质。

丰臣秀吉为散心开了果子宴，却引发花见吃果子的风潮。町人百姓吃不起高价货，价廉物美的米团子成为最受欢迎的花见果子。

米团子是寻常吃食，主妇也能做，不过花见吃的不是一般团子，而是粉白绿三色的"三色团子"。

三色团子具体出现于何年已不可考，可能是某果子店灵机一动开发的应季吃食，谁知阴差阳错大受欢迎，成为花见必吃的果子。粉白绿三只团子串在竹串上，男女老少各举一串，坐在樱树下边看边吃。馋嘴孩子只顾吃，早忘了看花，因此也生了"团子比花好"（花より団子）的俗语。这俗语一直沿用到现在，形容人讲究实惠实利，不被外观表面迷惑。

三色团子又称花见团子，固定粉白绿三色，绝不会有其他颜色混入。三色排序也有讲究，从上到下粉白绿三色依次排列。为何选这三种颜色？众说纷纭，至今没有定论。有人说三色代表季节，粉是樱色，表示春天；白是白雪，代表冬天；绿是枝头茂盛绿叶，代表夏天。春夏冬皆有，为何独缺秋天？秋天念作"あき"，和"厌倦"同音。没秋天念作"あきない"，听起来像是"不厌倦"。江户人喜欢风雅物事，更爱有趣故事，要想团子卖得好，也要想出风流说法，才有助销售。

也有人说三色代表樱花盛开前后的景象：春风一吹，樱树结出粉红花蕾；花蕾鼓胀绽开，开出粉白樱花；等樱花落尽，嫩绿樱叶蓬勃生长。一串团子概括了樱花的生长轨迹，听起来很有趣味。更有人说三色代表早春美景：太阳放出微红的光芒，地上残着积雪，积雪下是草木的嫩芽。在农耕社会，春日是播种的季节，也是一年之始，熬过冬天，人们迫切期待春天来到。吃了三色团子，就要开始新一年的耕作了。

提到春天，立刻想到樱花，想到花见，想到三色团子。春日吃三色团子似乎成了日本人的思维定式，200多年后的今天依然未变。每到初春，不光果子店，超市也会摆上一排排花见团子。纵是活在钢筋水泥森林里的都市人，看了颜色娇嫩的团子，似乎也能感受到春天的气息。

三色团子看着喜气，做起来也简单。将干燥艾草加水泡软，再滤水备用；米粉加砂糖加水拌匀，上锅蒸熟，之后分成3份。1份加红色食用颜料，捏出若干个粉团子；另1份做白团子；最后那份混上艾草末，捏出绿团子。将粉白绿团子依次穿上竹串，三色团子也就做成了。

如今每年4月，京都醍醐寺会举行一个特别仪式，名为"丰太阁花见行列"。扮作丰臣秀吉和一众侧室的人们赏花观舞，整整闹上一日，重现400多年前"醍醐花见"的盛况。这仪式会在4月的第2个周日举行，若是正巧赶上，不妨买上一串三色团子，向这位开创花见吃甜食潮流的先驱表表敬意。

店 铺 推 介

永乐屋：京都"永乐屋"是佃煮与京果子的名店，花见时节也制售传统工艺的三色团子。使用细致的粳米粉制成，软而有弹性，配上宇治抹茶一起吃，甘甜有回味。该店的三色团子味道虽好，却只有樱花盛开时才吃得到。若时候赶得巧，一定要尝一尝。

地址：京都市中京区河原町通四条上东侧。

言问团子：坐落于东京隅田川东岸的"言问团子"是向岛一带有名的老店。有名的三色团子是黄白黑三色，和一般三色团子有些不同。吃起来味道朴素，甜得恰到好处。价格虽然稍贵，也物有所值。

地址：东京都墨田区向岛 5-5-22。

千利休与菜花金团

千利休と菜の花きんとん

人物小传：千利休

"寂茶"的集大成者，千家流祖师，有"茶圣"之称。喜爱简素、清净，推崇草庵风的茶室，拒绝华丽茶器，喜欢把朝鲜茶碗和日常器具用作茶道道具。先后担任过织田信长和丰臣秀吉的茶头，被誉为"天下第一宗匠"。后触怒丰臣秀吉，被迫切腹。

对日本人来说，栗金团是正月"年菜"的必备菜品，无论是买是做，正月头三天必须吃一些。栗金团做起来不难：安纳芋或紫芋加砂糖煮烂，过筛滤成细腻的糊糊，与煮熟的新栗一起堆成圆形小山，吃一口直甜到心底。年饭里的栗金团多为黄肉的安纳芋所制，熟栗也是金色，两者堆在一起，活像金光灿灿的金块金砂，有财源滚滚来的好口彩。

栗金团的历史并不久，初现于100多年前的明治时代。古时栗子叫"捣栗"——古人工具有限，只好将栗子连壳风干，放在石臼中捣，借以除去坚硬的外壳和内皮。"捣"的古音与"胜"类似，所以捣栗又称"胜栗"，战国武将出征前、班师后都会用栗下酒，图个好兆头。进入明治时代，栗子早没了战火硝烟气，它们被制为软绵绵的金团，成为寻常人家的正月吉祥菜肴。

和果子中也有"金团"，和栗金团大不相同，是"京果子"的代表之一。在1400多年前的飞鸟时代，遣唐使从唐带回8种唐果子和14种果饼，里面便有金团的前身。因史料有限，它的原初样貌有些模糊，大致是小麦粉和成面团，再加麦芽糖制成。随着时光的流逝，舶来品唐果子与本土饮食文化结合，更符合日本风土的和果子逐渐诞生，金团也一点一点变了模样。

西洞院时庆是安土桃山时代到江户初期的公卿，他的日记《时庆卿记》是研究公家社会的重要史料。每年6月16日是嘉祥节，公卿武士都要吃果子除厄，还会互相送礼。西洞院时庆在日记中写到，自己得了酒和寿司，还得了馒头和金团。据庆长八年（1603年）的《日葡辞典》载，当时的金团只是包了砂糖的年糕。和果子老店"虎屋"传下本古老的果子图谱，里面的金团也是朴实的黄团子，顶多撒些豆粉和芝麻。后来，果子匠把用调了色的馅料黏合而成的果子称为金团。此处的"黏合"并不是随意粘上，而是把彩馅筛成条状，一条条粘上，粘出类似栗子外壳的蓬蓬感。用几号筛，滤出粗细多少的条，这些都由匠人自由掌控，也就有了创意的空间。

京都是和果子大本营，金团是京果子的代表之一，各种口味、色彩的馅料自由搭配，根据四季变化酿出浓浓的季节感，也体现出匠人们的独特心思。

菜花金团是金团的一种，春风一起，各果子店都会摆上黄绿相间的菜花金团。菜花金团的配色、形态都在模仿春日油菜花盛开的灿烂美景，它也是最应季的 3 月和果子。

菜花金团外形活泼可爱，却与一段悲伤故事有关。故事的主人公是茶圣千利休，一位才华横溢却死于非命的人物。

战国时代战乱频仍，武将们为求平心静气，纷纷研究起茶道来。脾气暴躁的织田信长也被茶道俘虏，请了今井宗久、津田宗及等知名茶人做茶道师傅。时名千宗易的利休最初算新人，但后来居上，成了织田信长最信任的茶人。

千宗易是豪商家庭出身，有了不起美学天赋。他继承了村田珠光、宇野绍鸥等茶人的美学观，讲究"不完全之美"。茶器不讲究贵重，要凭慧眼从生活用具中选；茶室不求豪华，只追求枯寂的趣味。茶室须有应季鲜花点缀，千宗易不爱富丽花朵，最爱油菜花，每年秋天在自家庭园播种，春来欣赏油菜花盛开的景象。春日开茶会，他会在瓶里养上一枝，给素净的茶室添一点色彩。

天正十年（1582 年），织田信长身死本能寺，家臣羽柴秀吉继承了织田家遗产，千宗易也成了他的茶道师傅。秀吉一统天下，做了关白，改名丰臣秀吉。为向正亲町天皇表示谢意，秀吉携千宗易举办"禁中茶会"。正亲町天皇见茶会主持人举止娴雅，法度谨严，特赐"利休"一号。千利休就此登上茶道的顶峰，成为天下第一茶人。

有了天皇和丰臣秀吉加持，千利休的"寂"茶道成为天下第一流派，他的影响力也越来越大。许多人知道秀吉对他敬重，拜他为师的人越来越多。虽然只是茶人，他隐然成为丰臣政权的重要人物，一言一行影响着政局。

所谓成也萧何败萧何，丰臣秀吉给了千利休地位和名誉，数年后又夺去了一切，包括生命。

独裁者在晚年往往因不安而疯狂，丰臣秀吉也是如此，他日渐霸道专横，却又猜忌多疑。千利休多次规劝秀吉，利休的弟子们也纷纷进言。秀吉认为千利休恃宠而骄，在自己眼皮底下拉帮结派，心里渐渐生了厌恶。天正十九年（1591 年），丰臣秀吉把千利休召到京都聚乐第，令他立即切腹。那是旧历 2 月 28 日，虽是春天，却是少有的凄风苦雨日子。千利休听完使者传令，最后一次点了茶，镇定地用短刀划开了肚腹。那一日，茶室供的也许是油菜花吧。

一代茶圣死得不明不白，不少人暗地为他喊冤。后来旧历 2 月 28 日（西历 3 月 27 日）成为"利休祭"的日子。因利休最爱油菜花，那天又被称为"菜花祭"。

后来茶人们定了个准则：利休祭之前，茶室不用油菜花点缀，借此向茶圣表示哀悼之思，这规则一直沿用至今。人们还想出另一种方式纪念他，就是用和果子模拟他最爱的油菜花形态，菜花金团由此而生。

菜花金团外形特异，做起来也难。首先要备上黄绿两色馅料，黄色是油菜花朵，绿色代表一望无际的油菜花茎。为表现花朵摇曳在春风中的动感，需用筛子筛出许多黄绿馅条。小豆馅团成圆球，将黄绿馅条一条条贴在周围，再整出蓬松的感觉。至于黄绿的比例，可以自由发挥——爱含苞待放的样子，那就多些绿；爱盛放的时候，就多些黄。吃一口，豆馅的甘甜沁入心底，再想起千利休的一生，油然起了怀古之思。

杜甫有诗云："尔曹身与名俱灭，不废江河万古流。"帝王将相有多煊赫的权柄，作再多威福，不过是历史长河里微不足道的浪花。千利休死在丰臣秀吉手上，可他对茶道的贡献被一代代人记住，到今天都是日本茶道史上数一数二的人物。而丰臣江山二世而亡，秀吉的独子秀赖更惨死在大阪夏之阵的隆隆战火中。当然，那又是另一个故事了。

店铺推介

鹤屋吉信：和果子店"鹤屋吉信"是享和三年（1803年）创业的京果子老铺，每年春日提供应季的菜花金团。虽也是黄绿相间，但表现的是菜花含苞的景象，碧绿枝叶为主体，花朵只是点缀。吃起来绵软顺滑，甜度适中。

地址：本店在京都市上京区今出川通堀川西

东京店在东京都中央区日本桥室町 1-5-5。

京果子司·末富：京果子司·末富京都和果子店"京果子司·末富"是创业于明治二十六年（1893 年）的百年老店，一贯主张和果子要创造出"梦想与愉快的世界"。菜花金团是该店春日应季果子，更有趣的是，该店也有秋季金团，每隔 1~2 周改变色彩。开始是绿

加红，之后是全红，最后是红加冰的应季金团，象征
了初秋、红叶正好和初霜时节的树木色彩。

　　本店地址：京都市下京区松原通室町东。

丰臣秀赖与蒲钵

豊臣秀頼と蒲鉾

人物小传：丰臣秀赖

丰臣秀吉的次子，母亲为秀吉侧室、织田信长的外甥女淀殿。秀吉死后继任大阪城主，后任内大臣、右大臣。身材高大、皮肤白皙，举手投足不像武士，更像公卿贵族。大阪夏之阵战败，与母亲双双自杀。

蒲钵是日本常见食品，看着和鱼糕有些相似。它能生吃、煮着吃、炒着吃，连大名鼎鼎的关东煮里也有它的身影。它也是正月年菜不可或缺的食材，在方方正正的食盒里，染成嫩红色的蒲钵整齐地排成一列，象征着初升的太阳。

蒲钵看着寻常，历史也很悠久。据说神功皇后在三韩征伐之际，曾将碾碎的鱼肉抹在长矛上烤制食用，那就是蒲钵的原型。这种说法并无史料依据，多半是后人附会。不过，平安时代的古文书《类聚杂要抄》明确记载了"蒲钵"的名称，可见最晚在900年前，蒲钵已在日本出现。

《类聚杂要抄》是研究平安时代宫廷风俗的贵重史料，该书记述在永久三年（1115 年），关白藤原忠实搬进新居，特备酒席招待客人。书里记录了酒席用的鲷平烧、蒲钵、汁鲶和鲤鲙等菜肴名，还加了颇清晰的插图。从中可见，900 多年前的蒲钵是串状的，和如今的块状大不相同。

为何蒲钵变了模样？其实蒲钵（かまぼこ）原名"蒲穗子"（がまほこ），蒲穗子是水生植物香蒲的棒状果穗，中国人称蒲棒。平安时代的人将鱼剖开取精肉，捣碎加盐，细细搅拌上劲。再取竹棒涂抹鱼肉泥，架火烤制，看上去和蒲棒十分相似。

如今的蒲钵种类众多，平安时代的蒲钵颇为单调。京都三面环山，虽有不少河流，但离大海有些距离。以当时的运输手段，基本与新鲜海鱼无缘。制作蒲钵对鱼肉的新鲜度要求最严，一点不新鲜，再搅拌也出不了弹牙的口感。厨师只有就地取材，淡水里鲶鱼最多，只是模样丑怪。好在蒲钵只取精肉制作，鲶鱼的美丑无关紧要。

进入战国时代，蒲钵这种吃食传入各地，鲷鱼、海鳗等白肉海鱼成为制作蒲钵的食材。当时白肉鱼量少价贵，用它们制成的蒲钵是珍贵吃食，宴客送礼都大有面子。据说织田信长在"本能寺之变"前大宴宾客，酒席就有一味白肉鱼蒲钵。

也许因为传统蒲钵太过小巧，战国时代出现了新型蒲钵。匠人取光滑的杉木板，将磨碎的鱼肉均匀涂抹其上，再架火烤到表面略有焦痕。比起传统蒲钵，新品种用的杉木板能吸收鱼肉中多余水分，吃起来口感更好；而且也方便，不用一只只拔去竹棍，只要切片就好。为了区分，人们把原先的叫做"竹轮蒲钵"，新品种叫"板蒲钵"。不知从何时起，竹轮蒲钵被略称为"竹轮"，板蒲钵后来居上，顶了"蒲钵"的名字。

天正十年（1582 年）6 月 2 日，织田信长遇袭身死，留下偌大的领土和强大的织田军。家臣羽柴秀吉照单全收，十余年后一统天下，成为一人之下万人之上的关白，改名丰臣秀吉。秀吉事事圆满，只是膝下荒凉，年近花甲才得了独子秀赖。秀吉死后，秀赖成为继承人，在大阪城过着锦衣玉食的生活，他吃尽山珍海味，最爱白肉鱼制的蒲钵。

如果丰臣秀吉活得久一些，也许历史会改了模样。可惜他死时秀赖不满 6 岁，主少国疑，关东大名德川家康起了不轨之心。庆长八年（1603 年），德川家康成为征夷大将军，两年后，家康把将军之位让与儿子秀忠，自己率兵上京，要求与秀赖在二条城相见。二条城是家康于三年前建造的，在天皇所在的京都造城，是手握天下权的象征。织田信长有二条御所，丰臣秀吉有聚乐第，家康也有二条城。

德川家康要求相见，丰臣方一口回绝，毕竟秀赖是地位尊崇的贵公子，岂有去他处与人相见的道理？家康又邀请数次，终于在庆长十六年（1611 年）3 月 28 日，18 岁的丰臣秀赖进了二条城。论辈分他该叫家康一声爷爷，因为他的正室是家康的孙女千姬。

虽然是亲戚，丰臣方知道德川家康心怀不轨，陪同的加藤清正与浅野幸长十分紧张，生怕出了岔子。据《摄战实录大全》载，会见结束，松了一口气的加藤清正特地请来京都名厨，为秀赖制作最爱的蒲钵。厨师备下一等一的白肉鱼，细细剔骨剔皮，碎肉全丢掉，只选最好的部分入石臼细磨，之后涂在板上用炭火烤。丰臣秀赖满意地吃了许多，看见主君的笑脸，加藤等人也觉得欢喜吧。

可惜德川家康诛灭丰臣的念头始终未灭，4年后德川军围住大阪城，丰臣秀赖自尽，德川氏一统天下，漫长的江户时代拉开序幕。

江户是将军的居城所在地，江户人爱尝鲜，爱美食，蒲钵也有了许多革新。《料理物语》是江户前期的菜谱，文字简洁，内容丰富，网罗了各类食材和制作法。从该书可见许多海产品都被制成蒲钵，除了鲷鱼与海鳗，还有鲑鱼和比目鱼，甚至有章鱼、乌贼和虾。而且，蒲钵不再是简单块状模样，匠人别出心裁地雕出各种形状与花纹。

在各类海产里，鲷鱼地位超群。它发音为たい，与"可喜可贺"之意的めでたい相似，时人为讨口彩，将鲷鱼当成吉祥鱼。武家嫁娶时，筵席必有头尾俱全的鲷鱼。鲜鲷鱼价贵，町人百姓退而求其次，从店家购买蒲钵制成的鲷鱼模型。蒲钵刻成栩栩如生的鲷鱼形状，再染上红色，看上去喜气洋洋。仪式结束后，主人将蒲钵鲷鱼切开，与来客分食，一起沾沾喜气。

在江户晚期，喜多川守真写了本《守贞谩稿》，详细记述了江户、京都和大阪三地的风俗与物产，还提供了图象，是颇有价值的百科辞典。从此书可见，当时蒲钵制作工艺发生了重大变化：江户匠人做蒲钵已不再火烤，而是上屉蒸熟。这种蒲钵更合江户人口味，原先的烤制蒲钵渐渐消亡。

如今白肉鱼不再是贵重物，生产蒲钵的全自动机器也被研制出来。工厂只要倒些冷冻鱼肉，加些调料，机器源源不断造出一条条蒲钵成品。但对老饕来说，蒲钵还是手工制的滋味最妙。鱼肉若新鲜，不用任何添加剂，单纯搅拌就能上劲，做出的蒲钵鲜嫩弹牙。这弹性被称为"足"（あし），只有当日打捞的鱼才能做出这感觉。高手匠人将鲜鱼剖开，去皮与骨，留完整鱼身。再洗去脂肪和血液，放入容器捣碎，只添少许盐即可。如此制成的蒲钵堪称绝品，最适合生食，炒制、烤制、做关东煮都是暴殄天物。

当然，这样的蒲钵价格昂贵，都是专门店的高等品。对普通人来说，超市冷柜里的蒲钵更可亲些。虽然加了磷酸盐和多糖等添加剂，又放了不少淀粉增粘，毕竟价格合理，人人都能承受。若蒲钵爱好者丰臣秀赖重返人间，吃上一块加了各类添加剂的蒲钵，不知会发出什么评论呢？

店铺推介

铃广：神奈川县小田原市自古是优良渔港，出产各类新鲜鱼类。"铃广"的蒲钵均使用天然食材，不用任何化学调味料与防腐剂。该店也坚持手制蒲钵，专业匠人根据鱼的种类品质，有针对性地加盐加热，力图提炼出海鱼原有的鲜味。店内有高档品"特选蒲钵·一""特选蒲钵·古今"，也有用时令鲜鱼制成的一般蒲钵，值得一试。

地址：神奈川县小田原市风祭 245，小田原车站前有分店。

茨木屋：京都"茨木屋"是开业于明治二年（1869年）的百年蒲钵老店，主张在美味与健康间保持平衡。店内的"板蒲钵"用传统工艺制作，突出京味。还有一味"鲷鱼羹"，完全用新鲜鲷鱼制成，不添淀粉，堪称最高级的"鲷蒲"。

地址：京都市中京区寺町三条上。

真田信繁与草饼

真田信繁と草餅

人物小传：真田信繁

又名真田幸村，幼年曾在上杉家与丰臣家做人质，关原合战后被流放九度山，后逃脱。后德川家康向丰臣家宣战，真田信繁应丰臣家邀请入城防守。他在大阪冬之阵表现英勇，屡挫德川军，后战死于大阪夏之阵。因在战场上勇往直前，被对手赞为"日本第一兵"。

和泉式部是与紫式部、清少纳言并列的平安才女，她颇有文学才华，性情也奔放，和多名贵族有过感情纠葛。翻开《和泉式部集》，有不少与恋人唱和的情诗，但也有平实之作，描述春来百花盛开，姹紫嫣红的花儿皆不入眼，只一心摘母子草做草饼。母子草是菊科植物，茎叶有白色绒毛，将花朵包裹其间，像母亲抱着孩子，故得此名，中国又称鼠曲草。中国南北朝时期的《荆楚岁时记》记录了楚地岁时风物故事，提到3月3日制"龙舌"的风俗。龙舌是一种糕团，取鼠曲草嫩叶捣碎，加蜜与米粉做成，据说可治时气病。

这一习俗后来传入日本，日本人改了名字，唤作草饼。3月3日是上巳节，也是祛秽物，求清洁的日子，母子草香气清苦，公卿们习惯吃草饼驱邪。据《文德实录》载，嘉祥三年（850年），春来母子草不发，御所无法制草饼。3月文德天皇的父亲仁明天皇薨，5月祖母嵯峨太皇太后也随着去了。众人都说当春母子草不发是一种凶兆。

春来百花开，和泉式部为何只摘母子草？其中大有缘故。她与大宰帅敦道亲王生有一子，亲王早亡，孩子要出家为僧供奉亡父。孩子离家前用手箱装了芋头，专程送给母亲。她收下芋头，将草饼装入手箱，让儿子带回去吃。和泉式部是浪漫女性，除了敦道亲王，和为尊亲王等也有瓜葛，但她毕竟也是挂念幼子的母亲。

平安时代的果子尚无小豆馅，连砂糖也是贵重品，轻易不得见。和泉式部给儿子的只是母子草混上米粉所制吧，顶多加上调味的甘葛煎。草饼朴素，毕竟是母亲的心意，孩子一定觉得是天下第一的美味。

日本原无小豆，后从中国传来，它色泽鲜亮，被平安时代的人们当做"除魔"的吉祥物。进入室町中期，添了甘葛煎的小豆馅被裹在草饼里，草饼完成一次升级。战国时代的大幕逐渐拉开，荷兰等国的"南蛮果子"进入日本，也激发了果子匠的创作热情。制作工艺越来越讲究，小豆馅也有了细分，出现"粒馅"和"漉馅"的区别。粒馅就是小豆不去皮，加甜味料小火煮烂，直至看不出小豆颗粒；漉馅要除去小豆外皮，还要反复搅拌，追求顺滑细腻的质感。战国时代的草饼一般是粒馅，确切原因已不可考，可能出于外观考虑：母子草捣碎和成粉团，看上去有些山野风味，不似糯米团细致，配带皮的小豆馅更协调些。

战国时代群雄逐鹿，武将们各领风骚数十年。先是尾张大名织田信长崛起，他身死本能寺，家臣羽柴秀吉又成了佼佼者。后来羽柴秀吉坐上关白之位，自名丰臣秀吉，一手建成丰臣政权。可惜他过世太早，留下不足 6 岁的幼子秀赖。庆长十九年（1614年）冬，日渐坐大的关东大名德川家康终于率兵西征，企图剿灭丰臣家，一举统一天下。

德川家康势大，丰臣家旧臣纷纷倒戈，只剩下小部分与丰臣家同进退，真田幸村就是其中一人。幸村主张迎击德川军，却遭保守派反对，他退而求其次，在丰臣家大本营的大阪城南侧修了防御工事。大阪城西面是海，北面是淀川，东面是平野川，南面是上町台地，敌军若想攻城，只能从南面下手。所以幸村选择在南侧阻击敌人，这工事也被命名为"真田丸"。

大战在即，德川军约有 20 万，丰臣方只有 5 万，敌众我寡，大阪城内一片愁云惨雾。为鼓舞士气，真田幸村在天王寺一家茶屋订了一批特制草饼，分发给手下士兵，让他们鼓起勇气作战。

草饼寻常，可真田幸村有特殊要求。草饼有两种做法，一种是米浸泡蒸熟后放入容器捣成团，类似中国朝鲜族的打糕；另一种是用米粉团制，没有捣碎的工序。真田幸村要求用第二种做法。德川军气势汹汹，"捣碎"听起来不吉利，相反米粉团的草饼韧性强，预示丰臣家可以扛住打击；幸村也要求草饼用漉馅，而不是粒馅。因为粒馅是煮烂的小豆制成，有些不祥；最后，他还要求草饼不加母子草，改用艾草。在日本文化里，艾草是有灵力的植物，别名"除魔草"。歌人大伴家持咏过"菖蒲、艾草簪发，饮酒作乐"的场景；清少纳言也在《枕草子》里提到五月饰菖蒲艾草辟邪的风俗。真田幸村将德川军比作"邪气"，希望借助艾草的灵力辟邪镇厄。

也许士兵受了草饼鼓舞，仅在 11 月 24 日，攻打真田丸的德川军死伤超过 1 万，却没取得显著战果。

"真田丸"久攻不下，德川军无法推进。大阪冬日天寒，德川军只能在战壕和简易小屋里度日，士气日渐低下。德川家康见势不妙，决定暂时议和，他提出包藏祸心的条件，要求拆毁大阪城的二之丸与三之丸，还要填平外护城河，让德川军大吃苦头的真田丸也在拆毁名单中。

几个月后，德川家康卷土重来，丰臣方约 7 万人，德川军约 15 万。双方实力悬殊，真田幸村战死，丰臣秀赖与母亲于大阪城自尽。

进入江户时代，幕府将上巳定为 5 大节日之一，上巳吃草饼成为定规。草饼由母子草捣碎制成，捣碎"母子"听起来不太吉利，时人改用更常见的艾草。本草学者小野兰山在《本草纲目启蒙》中写道：三月三日草饼原由母子草所制，近来多用艾，色泽浓绿喜人。

春来艾草萌出新叶，町人百姓自行采摘，在上巳制成草饼食用。艾草不但能辟邪，也是生命力旺盛的植物，茎叶向四方延伸，只要不连根拔起，摘去叶子也很快再发。初春，人们将积攒了一冬能量的艾草摘来，制成团子，也有希望"子孙繁荣"之意。

如今草饼早成了常见果子，不光上巳，一年四季都有售。春日艾草鲜嫩，但在保存技术发达的今日，将艾草风干保存，或者磨碎成粉，大雪纷飞的冬日也能品到艾草清香。不过和果子最讲应时而食，草饼仍是代表性的春日应季果子。沏上杯春茶，吃一口新鲜草饼，深吸一口春日空气，冬日的懒散全部散去，整个人似乎得到了新生。

店 铺 推 介

向岛志满草饼："向岛志满草饼"是建店110余年的老店，采用传统方法制饼，对艾草的质量要求严格。该店用的艾草都是"香气最浓"的类型，由专业匠人手工挑选。

地址：东京都墨田区堤通。

永乐屋：京都"永乐屋"也是和果子老店。该店草饼选用北海道十胜小豆，混上少许盐，豆馅甜度适中，不会太过甜腻。艾草色鲜味浓，与豆馅的甜结合得天衣无缝。

本店地址：京都市中京区河原町通四条上。

东京店址：东京都中央区日本桥本町。

伊达政宗与仙台味噌

伊達政宗と仙台味噌

> **人物小传：伊达政宗**
>
> 武将、仙台藩之祖。小时候因罹患疱疮（天花）一眼失明，加上性格果敢勇毅，得了"独眼龙政宗"的外号。后成为丰臣秀吉的家臣，秀吉过世后又投靠德川家康，参与诛灭丰臣氏的大阪冬之阵及大阪夏之阵。他精于和歌与茶道，还每天研究食谱，是有名的美食家。

味噌汤是日餐支柱之一，地位崇高，却算不上贵重吃食：几根小松菜、小块豆腐、鲣鱼粉加味噌煮汤，煮沸放上碎葱末即食，若加蚬子同煮，已是讲究些的升级版。味噌汤如此朴素，却是代代日本人的心头爱，它初现于距今600余年的室町时代，从此成为雷打不动的米饭伴侣。有媒体曾对身居海外的日本人做过调查，他们魂牵梦萦的菜不是寿司，也不是生鱼片，而是热乎乎的新煮味噌汤。不管多沮丧多疲劳，坐在桌前喝一口，满足地叹口气，整个人都放松下来。

　　味噌汤是味噌的延伸产品，味噌的历史要长得多。早在1300多年前的飞鸟时代，日本与中国大陆、朝鲜半岛的交往逐渐增多，中国的"酱"也传入日本。公元701年的《大宝律令》出现了"末酱"一词，有学者认为"末酱"乃是"未酱"的误书。未酱指有黄豆粒残留的半成品酱，也是日本味噌的原型。

　　进入平安时代，味噌这一名称正式出现。当时它是寺院和公卿贵族专享的贵重菜肴，也是互相赠答的礼物，庶民难能入口。平安末期武士势力抬头，不久到了武士占主导地位的镰仓幕府时代。从中国学习归来的僧人受中华饮食影响，开始将味噌磨成更细滑的膏状食用，这种形态的味噌更易溶于水，味噌汤就此诞生。

　　和喜爱繁文缛节的公卿比起来，武士多质朴简素。有了味噌汤，镰仓武士"一菜一汤"的饮食标准确立起来：除了米饭，一碗味噌汤，一碟主菜，顶多加上碟腌菜，就是武士的一餐。

　　吉田兼好的《徒然草》记载了一个故事：镰仓幕府执政北条时赖一时兴起，叫武将大佛宣时喝酒，可惜没有合口的下酒菜。宣时到厨房搜索，只有一碟吃剩的味噌。时赖说这也够了，两人就着味噌下酒，喝得十分尽兴。

　　镰仓幕府一度强盛，很快被武将足利氏推翻，室町幕府建立起来，是为室町时代。当时大豆产量增加，味噌在日本社会逐渐下渗，成为较常见的吃食。进入战国时代，味噌成为重要军用物资：它能调味，营养丰富，又不易腐坏，最适合士兵随身携带。

　　味噌由煮熟的大豆发酵而成，是微生物发生复杂反应的产物。气候、环境、水质等条件不同，甚至发酵场所不同，得到的味噌也不一样。原料都是大豆，发酵可以用米曲，也可以用麦曲和豆曲，做出的分别是米味噌、麦味噌和豆味噌。米味噌是主流，武田信玄的"信州味噌"、伊达政宗的"仙台味噌"都是此类；萨摩岛津氏喜欢麦曲发酵的麦味噌；德川家康挚爱的"八丁味噌"却是豆味噌。

就算都属于米味噌，产地不同，色泽、滋味也有微妙差异。论色泽，大致可分为赤味噌、淡色味噌和白味噌，发酵时间越长色泽越浓。按滋味可分为"甘口"和"辛口"两种，此处的"辛"不是辣味，而是咸度高的意思。加多少盐自然是决定甘辛的关键，放多少米曲也有影响，若盐量固定，米曲加得越多，味噌的甜头就越重。

若按以上类别细分，著名的"仙台味噌"是米曲发酵的赤色辛口味噌，它发酵时间长，香气浓郁，咸里有微微的回甘。它历史久远，可以追溯到战国末期。它也与一名武将渊源颇深，那就是东北之雄"独眼龙"伊达政宗。

伊达政宗是杰出武将，也是才华横溢的知识人。他对茶道、和歌有研究，也做得一手好菜，算是战国时代的"厨神"。记录政宗晚年言行的《命期集》有载，他认为对食物毫无心得的人有一颗贫弱的心。他还一本正经地说过，宴客无须海量山珍海味，只需最应季的食材，主人亲手烹饪后招待客人。宽永七年（1630年），江户幕府第3代将军德川家光驾临伊达家，招待菜品全由伊达政宗一手包办——制定菜单，选择食材，确定烹饪方式，全由他拍板。

伊达政宗的生活极有规律，每天抽3次烟，思考菜谱4小时，还得在狭小房间思考，这样才精神集中。他留下许多菜谱，我们只说说较基础的仙台味噌。

伊达政宗生在奥州，长成青年后成日打仗，十分注重选择军粮。他在居城岩出山城下建了酿造所，用米曲和大豆发酵，制作耐保存的味噌。伊达政宗有能力也有野心，可惜生得太晚，他刚统一东北地区，发现丰臣秀吉已把大半个日本握在手里。好汉不吃眼前亏，伊达政宗只能俯首称臣。

丰臣秀吉统一天下后野心愈发膨胀，发动了对朝鲜的战争。武将们渡海进入朝鲜，一场乱斗后，发现速战速决只是梦想。战事进入胶着状态，武将们携带的军粮渐渐腐坏，连味噌也臭得不能入口。只有伊达政宗的味噌品质不变，还保持着浓醇风味，他得意洋洋地把味噌分给众人，大家都有了印象：伊达家制味噌的技术了不起。

如果说历史是个舞台，各角色你方唱罢我登场，变化之快如走马灯。伊达政宗眼见丰臣政权二世而亡，德川氏成了武家领袖，难免有"眼见他起高楼，眼见他宴宾客，眼见他楼塌了"的沧桑感。他始终没放弃称霸天下的心愿，可德川家对他颇为疑忌，他只能安分守己做个大名。他专心于仙台藩内政，筑了华美的仙台城，也在城下建了约900坪（1坪约3.3平方米）的味噌酿造所，还从常陆国（现茨城县）招来专业匠人真壁屋市兵卫。伊达家味噌原本香气浓，市兵卫又做出常陆人喜爱的"辛口"感，也调整了米曲量，辛口带些微微的回甘。自此，仙台味噌的酿制技术趋于成熟。

江户幕府新立，将军要扬刀立威，各大名不得不按时去江户参勤。说是参勤，每次得在江户住上半年，伊达政宗也在江户建了藩邸。参勤要带许多随从，米菜成了大问题，伊达家只好从仙台运来米豆，在江户藩邸制作味噌。到了第 2 代藩主伊达忠宗的时代，味噌产量太大，自家藩士吃不完，便售给江户的味噌店。江户人喜爱新鲜吃食，有人发现滋味不错，一传十十传百，仙台味噌的名声传遍江户。从此，做味噌也成为仙台驻江户藩邸的一项副业。

400 年过去，仙台味噌一直深受人们喜爱。它是赤味噌的代表，与关西的白味噌各擅胜场。白味噌滋味甘甜，回味稍薄，但同海带、鲣鱼熬出的高汤正相配。仙台物产丰富，有各种山海珍物，不用依赖高汤，味噌只用来激发食材的原本滋味，所以仙台味噌特别适合作创意味噌汤。

江户幕府看似坚不可摧，随着倒幕号角的响起，幕府风流云散，曾经的武家领袖德川氏成了败军之将。雄图霸业只是梦一场，伊达政宗的仙台味噌却代代传承，直到现在还是寻常百姓的日常食。仙台人喜爱伊达政宗，味噌包装袋上总印有他的图案。有诗云："钟鼓馔玉不足贵，但愿长醉不复醒。古来圣贤皆寂寞，惟有饮者留其名。"伊达政宗本是一员猛将，却因味噌被人铭记，他若地下有知，不知是什么心情呢？

店 铺 推 介

佐々重：位于宫城县仙台市的"佐々重"是创业于安政元年（1854 年）的味噌老铺。创业以来一直制作

"正宗仙台味噌"，仅用大豆、米、盐与米曲、酵母菌，不加任何添加剂。

地址：宫城县仙台市青叶区本町。

佐藤曲味味噌酱油店："佐藤曲味味噌酱油店"曾是伊达家专用的仙台味噌、酱油供应商，庆长八年（1603年）开业，至今已400余年。该店不使用任何添加剂，坚持传统的"手制味噌"制作。原料精选宫城县本地的大豆和米，食盐选用天日盐，长期发酵而成。

地址：宫城县仙台市若林区荒町。有网店。

江户时代

1603 年—1867 年

自德川家康在江户开幕府，日本进入漫长的江户时代。江户幕府统治得当，太平的日子一直延续。武士们没了打仗的机会，变身为按时上下班、拿死工资的公务员；庶民们的钱包鼓了起来，对吃穿也越来越讲究；农民的日子依然不好过——无论什么年代，最苦的还是靠天吃饭的农民。

就算是丰年，农民也吃杂粮饭和菜粥，白米饭是梦想中的美食。江户庶民有白米吃，早上吃热腾腾的米饭，晚上用水泡泡，添上腌菜、煮菜和味噌汤就是一餐。饭多菜少，又不吃红肉，不少江户人会得"脚气"，也就是维生素B不足的病。江户是百万人口的大都市，男多女少，很多男性一辈子单身。他们懒得做饭，在外面小摊随便吃些，因此催生了繁荣的"外食"产业，荞麦面、寿司等各色小吃应有尽有。

武士们大都是公务员，要去主君的城里上班，城里没食堂，只能自带便当。中低级武士的便当看着可怜，大量的米饭加上豆腐、煮蔬菜，有一条烤小鱼就像过年。大名等高级武士的饭菜丰盛些，不过武士讲究质朴，大吃大喝不像话，也就多些鱼虾。长州藩的毛利家向来讲究吃喝，藩主去江户城上班，带的便当里有烤三文鱼，其他大名闻到香气，一拥而上分着吃了！可见当时伙食的水平。武士中的NO.1，也就是将军大人的三餐最讲究，但也只吃鱼虾不吃红肉，一天三顿白米饭，得了脚气的将军不在少数，不少还死在上面。

德川家康与生煎饼
德川家康と生せんべい

人物小传：德川家康

江户幕府初代将军，幼名竹千代。当过多年今川家人质，桶狭间之战后逃回故乡。他明白背靠大树好乘凉的道理，与织田信长结盟，私下扩大势力。信长死后暂居丰臣秀吉之下，秀吉死后挑起关原之战，成为江户幕府的征夷大将军。大阪夏之阵灭亡丰臣氏，成为天下之主。

煎饼是深受日本人喜爱的零食，米饼烤得蓬松，或刷上酱油，或黏上海苔，吃着又香又脆。煎饼没什么季节感，一年四季都吃，可冬天吃滋味更好些。屋外寒风呼啸，周末也懒得出去。把脚放在暖烘烘的日式暖炉里，一边看电视，一边闲闲地咬煎饼，渴了剥只蜜橘，或抿口茶，也算偷得浮生半日闲。夏目漱石也深有感触地吟过：火钵、南京茶碗和盐煎饼，此三样是绝配。

和许多吃食一样，日式煎饼也源于中国。《荆楚岁时记》有云："北人此日食煎饼，于庭中作之，支薰火，未知所出。""此日"指正月七日这一天。约 1400 年前，煎饼由中国传入日本。正仓院所藏文书《但马国正税帖》中出现"煎饼"二字，也是现存最早的记录。传入初期，日本沿用中国制法，将小麦粉调制成糊，再用热油煎制。至于滋味如何，文书并未提及，只因煎饼不单是吃食，更是具有灵力的祭祀物，味道只是其次。据史料记载，贞观五年（863 年）天候不顺，疫病流行，清和天皇命人制煎饼，祈愿恶灵退散。

奈良、平安时代，许多唐果子被遣唐使带回日本，日本匠人进行革新，名称不改，模样、滋味都已大变，煎饼也是一样。平安中期的辞典《和名类聚抄》还说煎饼乃油煎的小麦粉制品，随着时间流逝，煎饼的原料慢慢变成米粉，制作时也不用油煎，而是架火烤。到了战国时代，来日本传教的耶稣会传教士在《日葡辞典》中明确写到，煎饼乃是米制食品。

虽然隔了 400 余年，战国时代的煎饼制作工艺和今天没多大区别。粳米磨碎成粉，加水调匀成团，再分成若干小团；入锅急火蒸熟，取出反复揉捏；熟粉团捏成一个个剂子，擀面杖擀成薄饼，这就是饼胚，也就是生煎饼；饼胚摊在通风处干燥，1~2 日后架火烘烤，又脆又硬的煎饼就做成了。煎饼水分少，咬起来费力，好在耐保存，又有粳米的天然香气。它是今人眼中的消闲食品，却是战国时代的宝贵主食。

今日日本有许多煎饼，如酱油煎饼、海苔煎饼、盐煎饼、唐辛子煎饼等等，口味各不相同，咬起来咔咔作响，颇为豪放。煎饼家族有一个异类，那就是"生煎饼"。它本是煎饼的半成品，在 400 多年前阴差阳错得了贵人垂青，因此脱去了煎饼的庶民气质，成了和果子的一员。

这位贵人正是德川家康。战国时代群雄逐鹿，各领风骚数十年，甲斐武田、越后上杉、尾张织田……都曾是夺取天下的热门人选。未曾想武田信玄死于肺病，上杉谦信因脑溢血倒下，织田信长更遭了奇袭，消失在本能寺的熊熊大火里。与他们相比，德川家康在战场上表现平平，远算不上名将。可他是被幸运女神眷顾的人，经历无数劫难，都在最后一刻化险为夷。他在今川义元手下做了人质，今川义元遇袭身亡；他与织田信长结成盟友，信长死于本能寺；他向丰臣秀吉俯首称臣，秀吉不幸早亡……同时代的武将先后逝去，只有他顽强地活着，最终夺了天下。

德川家康出身平平，只是三河地区的小豪族，邻居骏河国今川氏势大，他只得去做人质。今川义元待之以礼，还把外甥女濑名姬许给他，可家康身在曹营心在汉，始终抱着回三河的心思。

永禄三年（1560年）5月19日，织田信长对今川义元的大军发起奇袭，恰巧天降大雨，等今川军发现遇袭，织田军已到眼前。今川军溃不成军，连今川义元的首级也被割了去。

这就是有名的"桶狭间之战"。德川家康听说今川义元战死，把妻子儿女丢下，往生母传通院所在的知多半岛逃去。机会来得突然，仓皇逃命的德川家康没带多少干粮，跑到半田（现爱知县半田市）时，人困马疲，实在跑不动了。半田不是富饶地方，只有零散农家，家康推开一扇柴门，向农户要些吃食。家康武将装扮，农户不敢不答应，可当时已过了饭点，没多余吃食。家康见院子里晾着些煎饼，张口索要，农户有些为难：这只是半成品的饼胚，眼下正在晾水气，晾好了才能架火烤。

农户小心翼翼地提议，请德川家康稍等片刻，烤好了再吃。家康饿得前心贴后背，连连摆手，说生的也无妨。农户取下几枚生煎饼，惴惴不安地献上，他尝了一口，直呼美味，一口气吃了数十块。

德川家康脱离险境后，仍不时想起生煎饼的美味，他让知多半岛的果子店试制，想起就吃上几块。直到今天，爱知县半田市的"总本家田中屋"依然制作生煎饼，制作工艺和 400 多年前几乎没什么区别。

生煎饼做起来不难。精选米磨粉加水调匀，上锅蒸熟后调入砂糖或蜂蜜，使劲搅拌成浓稠的粉团。用工具擀成条形薄片，稍加干燥即可。不过，生煎饼看上去薄薄的，侧头看切面，明明是 3 片叠在一起制成。为什么要 3 片压在一起？因为单片嚼劲不够，3 条叠加，中间混入空气，吃起来有年糕的韧劲，又更清爽些。也许果子匠反复试验多次，最后确定 3 片叠加滋味最佳。

在 400 多年后的今日，生煎饼制作工艺和战国时相似，但种类已大大丰富。有传统的蜂蜜味，也有褐色的黑糖味，还有更新型的抹茶味，添加纯天然绿色有机抹茶。打开日本雅虎，搜索"生煎饼"，能看到许多热情洋溢的评论："一杯茶，一盘生煎饼，简直停不下来！""有嚼劲，也有黑糖的甜味，吃过一次，再也忘不掉！"所谓祸兮福之所倚，福兮祸之所伏，德川家康一时饥饿难忍，挑战了煎饼的半成品，竟发现一种美食。

细细想来，许多美食看起来都古怪。谁最先发现了海胆？当时他 / 她得多饿，才会砸开一个满身是刺的黑东西吃？海参也不美，谁发现它滋味奇佳？至于鮟鱇鱼，看它的样子，简直下不了口，是谁发现它的呢？也许，在美食的世界，最有探险精神的往往不是美食家，而是饿得要命的人——就像德川家康发现生煎饼时一样。

店 铺 推 介

总本家田中屋：爱知县半田市的"总本家田中屋"是昭和五年（1930年）创业的生煎饼老铺。该店采用传统工艺制作生煎饼，不使用任何食品添加剂和保鲜剂，口味自然清新。该店共有蜂蜜、黑糖和抹茶3种口味可选。

地址：爱知县半田市清水北町1番地。

生八桥 生煎饼算地方美食，名古屋一带较多，东京、京都等地不太常见。若无论如何都想一试生煎饼的美味，不妨买些京都名点"生八桥"。生八桥的制作工艺、材料都与生煎饼极相似，虽不是完全一样，也可解些相思。八桥名气极大，各地各大商场、机场均有销售。

圣护院八桥总本店地址：京都府京都市左京区圣护院山王町6。

大久保忠教与鲣节

大久保忠教と鰹節

深夜食堂早上打烊。一个年轻姑娘总在打烊前光顾，黑长发，花裙子，背白色帆布包。

她是名不见经传的歌手，有的是时间，只是没钱。她怯怯地点一份猫饭，浅红鲣节洒在热腾腾的米饭上，浇酱油边拌边吃。看起来寒酸，米饭的甜混上鲣节的香，酱油再起画龙点睛的作用，吃起来一定不坏。

她每次来都点猫饭，再心满意足地吃完。

她终于红了，却突然消失，再来食堂时骨瘦如柴，她得了重病。

老板端上猫饭，她连半碗也吃不下。她死在一个月后。

这是大红的日剧《深夜食堂》中的片段，播出时赚得许多泪水。在歌手最困难的时候，深夜食堂的一碗猫饭给了她温暖和慰藉。等一切都好起来，她又撒手人寰。人生多么残酷，好在有心爱的美食点缀。

鲣节是传统日本食品，可以生食、熬汤、做调料，用途十分广泛。鲣节是鲣鱼制成，古时日本列岛沿岸有众多小鱼生息，鲣鱼群捕食小鱼，常在海岸线徘徊，因此成为古人口中食。鲣鱼大而鲜美，可惜肉软易腐败，在没有冷藏设备的古代，保存十分不易，古人将它抽干水分储存。《古事记》曾提到"坚鱼"，就是鲣鱼的加工品。鲜鲣鱼悬在风口阴干，鱼身失了水分，变得坚硬如铁，故名"坚鱼"。养老二年（718年）实施的基本法令《养老律令》也记载了"煮坚鱼"，那是坚鱼切块煮熟后再次阴干的保存食品。制煮坚鱼有种副产品，名叫坚鱼煎汁，它是煮汁浓缩而成，公卿贵人当调味料用。

鲣鱼风干后易于保存运输，京都公卿得以一尝鲣鱼滋味，平安京出土的木简就有"煮坚鱼"字样。京都三面环山，海鱼难得一见，远道而来的干鲣鱼成了重要食材。当时烹调手段有限，若不煮着吃，只能把干鲣鱼削片食用，至多蘸上盐酱。当时僧人忌食荤腥，不少人用干鲣鱼补充养分，他们称削下的鱼片为"木片"，算是保全体面的叫法。

镰仓幕府是武士政权，武士沙场征战，生死在一瞬间，对吉利话、吉祥物最看重。鲣鱼（かつお）发音与"胜男"相似，干鲣鱼削薄片的"鲣节"（かつおぶし）念起来像"胜男武士"，没有比它们更吉利的吃食了。室町时代鲣鱼加工法得到改进，留存鲜味的技术有所提高。匠人们不再将鱼简单阴干，而用稻草燃烟来熏，热气加速鱼肉水分挥发，烟雾沁入，又添了香气。用小刀削下鲣节尝尝，肉质坚实，带着特有的焦香。长享三年（1489年）的菜谱《四条流包丁书》中提到"花鲣"，正是这种鲣节。

室町末期天下大乱，战国大幕缓缓拉开。各地武将拥兵自重，不时有大战爆发，便于携带、营养丰富的鲣鱼成了难得的优质军粮。德川家康的爱将大久保忠教在《三河物语》写到，削几片鲣节塞在腰带里，开战前嚼上一片，全身有用不完的力气。

《三河物语》是大久保忠教晚年写就的家训书，记录了在德川氏麾下南征北战的一生。忠教生于三河，与兄长大久保忠世一起侍奉德川家康，经历了不少战役。在"关原合战"和两次大阪战役里，忠教被任命为枪奉行，负责镇守主帅德川家康所在的本阵，可见他深受信任。

大久保忠教确实是鲣节爱好者。有这样一则逸话："德川四天王"之一的井伊直政在关原合战时被敌军火枪击中，枪伤未愈又忙于处理战后事宜，过度劳累落下病根，时不时要犯病。大久保忠教去看他，在病榻边语重心长地说，自己长期食用鲣节，年纪大了依然身轻体健。如今井伊已是重臣，衣食住行也豪奢起来，最好还是吃些简单质朴的食物，比方说鲣节。说完拿出小包，里面装了从家带来的鲣节。

也许鲣节的确有保健作用，大久保忠教一直活到73岁，算难得的高寿。可惜井伊直政依然早逝，享年41岁，毕竟鲣节吃得不够？不过寿则多辱，大久保忠教的晚年并不快乐。德川家康统一全国后退隐，不久病亡，成了享天下香火的"东照神君"。2 代将军德川秀忠还打过仗，3 代将军德川家光从未上过战场。江户幕府原本武家色彩浓厚，也逐渐转型成官僚治国的普通政权。曾出生入死、一刀一枪换取功名的武将茫然若失，再找不到存在意义，大久保忠教也一样。他将大部分时间花在撰写《三河物语》上，那时的他伴着主君东征西讨，是他一生最值得骄傲的时光。

进入江户时代，太平日子年年持续，鲣节逐渐在町人百姓中普及。纪伊、志摩和土佐等地捕捞鲣鱼的渔场建起焙干小屋，来烘烤打上来的鲣鱼，之后削成鲣节贩至大阪，名为"熊野节"。京阪地区的酒家和富裕家庭煮菜烧汤也加些鲣节提鲜。宽永二十年（1643 年）发行的《料理物语》提到 "鲣出汁"就是用鲣节煮出的高汤。"出汁"的出现对日餐的发展产生了深远影响。

从延宝二年（1674 年）开始，纪州渔师甚太郎父子对焙干技术做了若干改进，沿用至今的加工法诞生。匠人们不再用稻草烤，而取栎树焚烧，用烟熏干鲣鱼，之后加以日照，使霉菌不易附着在鱼上。数年后又有了更具革命性的改进——用茅草包裹干鲣鱼，促使鱼表面生出有益菌，反能提升鲣节的风味。从此，烟熏加茅草包裹成为制鲣节的主要做法，一直延续到今天。

在江户中期，以医师视角分析食材的《本朝食鉴》写到，鲣节能补气血，整肠胃，增筋力，固齿润肌美发，病时食用尤佳。书中还提到了鲜鲣鱼的食用法，芥末调醋汁拌着吃，或和盐酒，称"刺身"，生食味道佳。当时江户人最爱尝鲜，小田原和镰仓一带能捕到新鲜鲣鱼，江户人趋之若鹜。

鲣节一年四季有售，吃鲣鱼刺身一年只有两段时候。春末夏初，顺黑潮从太平洋北上的叫"初鲣"。秋天到来，水温变低，从三陆一带的海水南下到关东以南的叫"归鲣"。归鲣吃了大量饵食，身上有厚厚脂肪，初鲣味道清爽，更符合春暖花开时吃。

江户前期的俳人山口素堂歌云："眼看青绿叶，黄鹂山中鸣，又是初鲣时。"赏嫩叶，听鹂鸣，吃初鲣……都是江户人最爱。初鲣刚上市价格高昂，稍微等些时候，价格陡然变成十分之一。不过江户人性子急，等待不够风雅，买最新上市的"初物"才是雅人所为。当时有许多顺口溜，"切菜板上金小判一枚"说的是初鲣价贵，一条抵一枚金小判，也就是一两金；"宁可典妻置子，也要吃口初鲣"说初鲣味美，谁也抵挡不住诱惑。据说豪商纪伊国屋左卫门曾出价 50 两买初鲣，一时传为佳话。50 两看起来不多，但已够江户一家四口两年的食费了。

今日捕捞和冷藏技术进步，新鲜鲣鱼也没过去那么宝贵。吃了初鲣不久，秋风一起，归鲣又来了。等归鲣成群南下，秋风里寒气更盛，银杏叶也被染得金黄，眼看要到初冬。冬日寒风凛冽，不仅没了鲣鱼，各类海产也少，美食数量减少，心情难免阴郁。

鲣鱼走了，好在还有鲣节在。大久保忠教把鲣节视为营养补品，它也是最好的熬汤食材。取两片干海带，与鲣节煮出一锅淡黄澄净高汤，无论做关东煮，还是火锅锅底，都最好不过。趁热品一口，香气淡而悠长，这是延续 300 余年的日本味道。日餐分许多流派，但无论属于哪个流派，厨师都一致赞成：没有鲣节熬的高汤，日餐的历史会改写。

店铺推介

坂井商店："坂井商店"的鲣节价格较高，但得过鲣节类品评会最高奖"农林水产大臣奖"，是鲣节里的高级品。该店用最新鲜的鲣鱼切片、煮熟、去骨、修缮、焙干，之后耐心植上有益菌，在自然环境中阴干。植菌和阴干的环节重复数遍，6个月才能完成，所以能做出滋味最佳的鲣节。

地址：鹿儿岛县指宿市山川福元6146。有网店。

大和屋：和坂井商店比起来，东京都日本桥的鲣节专门店"大和屋"价格平易近人许多。该店长年经营鲣节类商品，严选最高品质鲣鱼制作，有本枯鲣节、鲣节厚削、薄削和粉末鲣节等种类，高中低档鲣节俱全，适合尝鲜的人士。

地址：东京都中央区日本桥室町1-5-1。有网店。

稻叶纪通与鰤鱼

稲葉紀通とぶり

人物小传：稻叶纪通

江户时代前期的大名，赫赫有名的稻叶家后代。他衔着银匙出身，是标准官二代，讲究生活质量，先后担任田丸、摄津中岛、丹波福知山藩主，享尽荣华富贵。后与邻藩因鰤鱼发生矛盾，闹得不可开交，又被告发谋反，引起幕府震怒，他在惊惧中饮弹自尽。

一到 11 月，紧邻日本海的富山湾笼罩在紧张气氛中。渔民们摩拳擦掌，只等天边传来轰轰的雷鸣声。古代中国人认为"冬雷震震"是不正常的现象，但在富山湾，冬雷越响越是吉兆。冬雷起是大自然的讯息：鰤鱼到了最好的时候，可以准备捕捞了。

鰤鱼身体银白，身侧到尾部有一根黄色线条，因此得了 Yellowtail 的英文名。鰤鱼一年四季均有，冬天的鰤鱼滋味最美，被称为"寒鰤"。每年春天，鰤鱼在九州西部的五岛列岛孵化。到了夏日，它们顺着对马海流北上日本海，在北海道附近饱食鱼虾，体内积蓄大量脂肪。晚秋水温渐低，鰤鱼从北海道南下，到北陆地方的富山时最肥美，所以富山湾是首屈一指的鰤鱼渔场。等鰤鱼从富山继续南下，脂肪消耗了些，肉质也更紧实，在丹后宫津渔场捞上的也不错。

鰤鱼日文发音为"ブリ"，与油脂的"アブラ"有些相似。本草学者贝原益轩在语源辞典《日本释名》称，该鱼体内油脂丰富，故得此名。当然也有其他说法，比方说鰤鱼性子机敏，常能逃过网罗，所以被称为"师之鱼"；还有人说十二月的古称是"师走"，该鱼师走时滋味最佳，所以叫"鰤鱼"。

丹后在京都府北部，邻近日本海，丹后宫津自古是优良渔港，打捞的牡蛎、海蟹、贝和甜鲷驰名全国，寒鰤也是一绝。江户中期的医师人见必大在《本朝食鉴》中称丹后寒鰤为"日本第一"。江户晚期图解各地名产的图录《山海名产图会》也把丹后鰤鱼定为上品。日本海沿岸冬日苦寒，大雪封门时，家人围着炉子，兴致勃勃地吃寒鰤菜肴，也是苦中作乐。寒鰤肥腴，无论是烤是烧，吃在嘴里又嫩又滑，几块下肚，再浓的苦恼也变淡了些。

有人说寒鰤味道太好，吃过一次再忘不了。听起来像是夸张，但在300多年前的江户初期，真有人为了寒鰤丢了大名身份，丢了45700石家禄，还赔上一条性命。

此人名叫稻叶纪通，是武将世家出身，曾祖父可追溯到美浓国"美浓三人众"的稻叶一铁。纪通生于伊势，父亲是伊势田丸藩初代藩主，父亲早死，他4岁坐上藩主之位。大阪夏之阵后，丰臣政权覆灭，江户幕府一统天下。原本武家色彩浓重的幕府迅速转变角色，重用精于财政计算的文职人员，武人反遭冷遇。稻叶纪通是武将出身，除了打仗也没别的才能，在幕府难觅职位。好在 3 代将军德川家光的乳母春日局是他姑姑，他 21 岁官拜淡路守，转封至丹波福知山城，家禄 45700 石，也算不好不坏。

伊势田丸物产丰富，一年四季都有新鲜食材。丹波多山，虽有山珍，海味实在难得。稻叶纪通在富庶地活了 20 年，陡然来到福知山城，着实有些"由奢入俭难"的烦恼。

山地冬日严寒，雪也多些。一日，稻叶纪通与家臣勘九郎赏雪饮酒，突然想起寒鰤的美味。从前在伊势田丸常吃，鱼上抹些盐，烤得油脂沁出，滴在炭上嗞嗞作响，香气扑鼻。稻叶纪通向勘九郎苦笑一声，说本地出身的新家臣一定想不到寒鰤有多好吃，毕竟是山里，只怕从未见过新鲜鰤鱼，真想让他们尝尝。可惜如今自己也吃不上，还说什么呢？

勘九郎跟着叹气，稻叶纪通皱眉想了想，忽然灵机一动：邻居丹后宫津藩有个驰名渔港，在日本海边，打捞的寒鰤也有些名气。他越想越喜欢，当即写书信给宫津藩主京极高广，请他送 100 条鰤鱼来。

藩主有命，信使立刻翻身上马，沿积雪的山道驰往丹后。京极高广看了书信，立刻点头答应。当下正是捕寒鰤的季节，别说 100 条，300 条也不是问题，稍等数日，会给稻叶大人送去。信使回去报讯，稻叶纪通吃了定心丸，便喜孜孜地等着，准备好好享用寒鰤美味。

鰤鱼很快备齐，京极高广突然起了疑心：稻叶纪通为何开口要 100 条？莫非要拿去讨好幕府官员，好图个回报？自己把鰤鱼无偿给他，他倒拿去送礼，自己是为他人作嫁衣了。可已答应了，

ぶり

武士最讲信誉，总不好反悔。思来想去，京极高广命人把100条鲫鱼的鱼头砍去，这样就没法送人了——若做礼物，总得头尾俱全才行。

听说京极高广的鲫鱼送到，稻叶纪通兴奋地直搓手。未曾想家臣面有难色，说鲫鱼来了，也是100条，但都没有头。稻叶纪通又惊又怒，让家臣把鲫鱼运到院中，他亲自去看。100条鲫鱼摆得整整齐齐，个大体肥，当真没有头。

当时已是太平年代，武士仍有许多忌讳：无头鱼让人想到斩首，斩首是最颜面扫地的死法。稻叶纪通怒火冲天，命人将鱼全部丢掉，还下了严令：若在领地发现丹后宫津藩的人，无论武士町人，一律斩首。

主君之命谁敢不从？只因稻叶纪通想吃鲫鱼，宫津藩的人倒了霉，但凡路过丹波，被抓住就砍了脑袋，尸身被丢回宫津边境，暴尸荒野。丹后宫津在京都北部，上京必须经过丹波，京极高广见稻叶纪通不可理喻，一不做二不休，向幕府告了一状：稻叶纪通行为失常，有谋反迹象。

谋反是一等重罪，将军家光要求稻叶纪通来江户自首。稻叶纪通知道闯下大祸，将军必不会轻饶，他穿上祖传的甲胄，拿起火枪，在福知山城饮弹自尽。他的嫡男年幼，被送往亲戚家养育，不幸3岁时死于疱疮，纪通就此绝后。

为了一品寒鲫的滋味，竟落得如此凄惨下场，让人不由得长叹。

鲫鱼个头大，能长到80公分，重达15kg。在江户初期，人们常常切块盐烤，为便于储藏，加贺一带也将它腌渍，做成盐鲫鱼食用。随着时代的进步，各类调味料纷纷出现，人们发现鰤鱼烧着吃也好。

延享 3 年（1746 年），江户川散人孤松庵养五郎编了菜谱，名为《黑白糖味集》，里面介绍了各种烹饪鱼的法子，也有一味"当座鰤煎炙"。"煎炙"是古老的烹调法，不用火烤，而是在锅里慢慢煎。鰤鱼脂肪厚，小火煎出薄薄的油，再加入大葱同烧，倒入酱油和糖调味。

直到今日，鰤鱼仍是日本家庭的家常食材，除了照烧，主妇常用它与白萝卜同烧。切块放上少少油，在平底锅略煎，再加上浓口酱油、砂糖和料酒，与白萝卜一起小火煮。做好红彤彤的，有些浓油赤酱的观感，味道质朴浓厚，和中国的萝卜烧肉有些异曲同工之妙，适合在严寒的冬日吃。

店铺推介

HIMI 浜：位于富山县冰见市的冰见渔港是日本第一的寒鰤渔港，"HIMI 浜"正在渔港边上。该店特选10 公斤以上的大号寒鰤，条条都是渔港刚打捞的鲜鱼。店里提供寒鰤锅、寒鰤刺身、盐烧和寒鰤烧萝卜等各类吃食，值得一试。

地址：富山县冰见市比美町 21-15。要预约。

吉乃屋：京都府宫津市也是寒鰤大型渔港，坐落于此地的"吉乃屋"的寒鰤锅十分有名。该店采用刚打捞的伊根鰤,加入大量蔬菜,做出一品"寒鰤锅膳",价格合理,滋味又美,性价比高。

地址:京都府宫津市大垣 48。要预约。

泽庵宗彭与泽庵渍

沢庵宗彭とたくあん漬

> **人物小传：泽庵宗彭**
>
> 　　江户时代前期临济宗僧人，曾任大德寺住持，后隐居。在"紫衣事件"中仗义执言，触怒幕府被流放，后受赦免回归京都。他深受江户幕府第3代将军德川家光的尊崇，家光拜他为师，还为他在江户品川建了东海寺。

　　近年来穿越题材作品红得发紫，女主角原是一介凡人，一旦穿越时空，竟被视为天仙，绫罗绸缎裹着，精馔美食吃着，还有众多爱慕者环绕身边。读者看得心痒痒，只盼有朝一日也穿越回去，享尽荣华富贵。且不说穿越是否科学，就算当真能穿，也大有风险，单说饮食便有些问题。比方说穿到风雅的平安时代，到贵族家做个姬君，每日吃什么呢？各类干鱼和腌菜，听起来不太诱人。好在腌菜种类丰富，据律令实施细则《延喜式》载，腌菜有盐渍、酱渍、糟渍等7种。春日将蕨菜、茄子、瓜等盐腌；秋日用盐、酒糟和味噌腌茄子、生姜和梨等蔬果。一年四季有不同腌菜可吃，这是贵族的特权。

吃腌菜还是特权？不错。腌菜必须用盐，古时采盐技术有限，盐属高价品，腌菜是寺院、贵族专享的吃食。长屋王邸遗址挖掘出的木简写有"加须津毛瓜"（酒糟渍瓜）、"加须津韩奈须比"（酒糟渍韩茄子）和"酱津我名"（酱渍茗荷）等文字，这些都是贵族专享。到了平安时代，腌菜种类才丰富起来，若穿越到更早的时代，腌菜都少，别说其他菜肴了。

直到今天，各类腌菜也是日餐不可或缺的一部分。早在公元前 3 世纪，辞书《尔雅》和周代"三礼"之一的《礼记》都提到了用盐腌渍的"盐藏品"。公元 6 世纪中期，贾思勰的《齐民要术》专设了"渍·藏生菜之法"项目，详细解说了盐渍法、酿渍法等 30 余种腌菜法。日本最早的腌菜记录出现在公元 8 世纪，到了平安时代，腌菜已成为重要副食。室町时代，腌菜技术不断进步，腌菜的气味和口感都有进步，因此得了"香物"的好名字。此时武家生活渐渐豪奢，宴客都用山珍海味齐备的"本膳料理"。宴会时间长，菜品又多，清口腌菜成为必备。

关于香物的名称，还有另一个风雅的说法。公卿贵人流行"焚香猜名"的游戏，几种香互相搭配，闻多了难免疲倦，嗅觉也迟钝起来。于是闻香游戏设置休憩环节，仆人会送上腌菜改改口，由此得了"香物"之名。

德川家康开幕府后，江户成为日本中心，也逐渐成为世界级大都市。各地商人带来各种腌渍技术，江户腌菜逐渐丰富。此时碾米技术有了改进，精米大量出现，也余下许多米糠。米糠便宜易得，米糠腌菜成为流行。无论中国还是朝鲜，米糠腌菜都不多见，这算日本原创的腌菜法。

根据 18 世纪的料理书《料理网目调味抄》《物类称呼》等记载，在 300 多年前的江户初期，不仅江户，京都和九州一带也有用米糠腌白萝卜的腌菜法。地区不同，名称也相异，有的叫"唐渍"，有的叫"百本渍"，在江户，这种腌菜被称为"泽庵渍"。

"泽庵"是禅僧泽庵宗彭的法号。此人生于但马国（现兵库县北部），是山名氏的家臣之子。主家被羽柴秀吉（后名丰臣秀吉）所灭，不满 10 岁的他出家为僧。后拜京都大德寺春屋宗园为师，习诗书茶画，逐渐成为名僧，还做了大德寺的住持。

庆长八年（1603 年）江户幕府发足，为限制天皇和公卿的权力，幕府发布了《禁中并公家诸法度》。宽永四年（1627 年），后水尾天皇不顾《诸法度》规定，按旧例允许大德寺、妙心寺等十余名僧侣穿着代表高贵身份的紫色袈裟，且没有事前通知幕府。2 代将军德川秀忠闻讯后大为不悦，称朝廷擅作决定有违法度，命令维持京都治安的板仓重宗禁止僧人们穿紫色袈裟。后水尾天皇强烈抗议，大德寺住持泽庵也召集各位高僧，举行了大规模反对活动。幕府不肯示弱，将抗议的高僧一并流放，泽庵被流放至出羽国（现山形县、秋田县一带）。

到了 3 代将军德川家光的时代，泽庵被赦免，还拜谒了将军。家光喜爱他为人正直，不但拜他为师，也时常与他商议政事。宽永十六年（1639 年），家光令泽庵在江户品川建东海寺，并任该寺住持。闲来无事，泽庵开始用米糠腌渍萝卜，作为寺中僧人的佐饭小菜。

一日，将军家光出城狩猎时路过东海寺，泽庵用自制腌萝卜招待他，家光觉得清新爽口，便问叫什么名字。泽庵说只是自制小菜，无正式名称，家光当场赐了"泽庵渍"之名。

这一场景并无可靠史料记载，也许只是逸话。不过记录江户风物的《守贞谩稿》提到，米糠渍萝卜为何叫泽庵渍，是与东海寺泽庵和尚有关。辞典《书言字考节用集》写道："泽庵但马人，墓标一个圆石已，此物其制之故名云。"就是说，泽庵和尚仙逝后，町人百姓见腌萝卜用的重石与泽庵墓的墓碑相似，所以取了泽庵渍的名字。不过，不管取名的人究竟是将军还是百姓，这腌菜与泽庵和尚大有渊源。

泽庵渍做起来不难：把白萝卜放在屋外晾几天，蔫了后整根放入容器，加上米糠和盐腌几个月。随着时间流逝，水分越来越少，萝卜味渐渐浓起来。在盐的作用下，米曲分解出淀粉，给萝卜添了甜味，色泽也慢慢变成黄褐色。依照自己口味，也可以放入海带、辣椒和柿皮同腌。

一晃300多年过去，如今泽庵渍依然有人气，超市一年四季有售。不过，为了缩短制造时间，削减成本，传统制造工艺早被弃用。商家不再用日光干燥，转而用盐和糖水急腌，尽快除去萝卜的水分，再加上甜味料、味精等调味，最后用染料染得黄澄澄的。买上一包，看起来鲜艳齐整，吃起来甜丝丝的，缺了自然发酵的酸味，早不是泽庵渍的味道了。好在三浦半岛、三重德岛等地还有老铺坚持传统方法制造，用浅碟装上数枚佐餐，能送下整碗米饭。只是价格偏贵，勤俭持家的主妇得费些思量。

吃一口加了各种调味料的泽庵渍，想到300多年前的江户人吃的都是纯天然无添加高级品，不禁油然生了一丝羡慕之情。

店|铺|推|介

　　林商店：伊势泽庵从前就是全国知名的名品。伊势的"林商店"沿用传统做法，选择本地出产的"御园萝卜"，用米糠、茄子叶、柿皮和辣椒发酵两年以上制成。吃起来香气浓郁，滋味朴素，是令人怀念的手制泽庵渍的味道。

　　地址：三重县伊势市小俣町。也可在网店购买。

　　川岛农园：位于三浦半岛的"川岛农园"用自家产萝卜制作泽庵渍，曾获"日本农业奖优秀奖"，也获过神奈川县"知事奖"。匠人们采用传统工艺，萝卜在天然日光下风干，再放入米糠中腌渍。咬起来清爽甘甜，是佐餐妙品，用来下酒也是不错的选择。

　　地址：神奈川县三浦市三崎町，也可在网店购买。

德川光圀与日式拉面

德川光圀とラーメン

人物小传：德川光圀

江户时代水户藩第2代藩主，从小不被父亲喜欢，是个不良少年。18岁时读《史记》幡然悔悟，决心改邪归正。做藩主后专心藩政，整理寺院神社，铺设上下水道。他重视儒学，邀请明遗臣朱舜水讲学，还设立史局编撰《大日本史》，奠定了水户学的基础。

日式拉面算是日本国民食品的一种。无论关东关西，不管大街小巷，走几步就能看见拉面招牌。到了饭点，顾客把店面塞得满满当当。若是有些名气的面店，门前还排上长队，不管严冬酷暑，客人都立在外面耐心等待。

和刺身、寿司等吃食比起来，拉面价格平易近人，不用小心翼翼研究价目表，吃起来轻松自在。拉面分味噌拉面、酱油拉面和豚骨拉面等，弯弯曲曲的淡黄细面浮在或清或浓的汤汁里，碗边码着白生生的豆芽、油黄腌笋、粉嫩叉烧和黄澄澄的半熟蛋，中间饰一撮切碎的碧绿香葱。冬天点豚骨拉面，喝一口大骨熬的白汤，身子一下暖和起来；到了夏天，酱油拉面又成了热门，它滋味清爽，绝不会觉得油腻。

酱油拉面是现代日式拉面的原型。明治四十三年（1910年），日本第一家拉面专卖店在东京浅草开业，店名"来々轩"。来々轩卖酱油拉面，博得极高的人气，店主尾崎贯一是日本人，厨师却是从横滨中华街招聘来的广东人。明治初期，不少原居长崎的广东人搬到横滨居住，横滨是繁忙港口，外国人频繁进出，广东人制作面条出售，时人称"南京荞麦面"。所以，若细说源头，现代日式拉面竟是广东人的发明。

其实，早在300多年前的宽文五年（1665年），已有日本人尝过原汁原味的中华面。此人是"御三家"之一的水户2代藩主德川光圀，也是德川家康的亲孙子。德川光圀的父亲对他不甚喜爱，放他在家臣家长到4岁，才第一次与他相见。也许因父子关系紧张，德川光圀长成斗鸡走马的不良少年。他成年后偶然接触到司马迁的《史记》，对汉学产生了浓厚的兴趣，从此洗心革面，成了一心向学的知识人。

宽文元年（1661年），德川光圀继任藩主。当时武家社会尊崇儒学，奉中国的朱子学为正宗。德川光圀广邀学者来水户讲学，听说长崎有一位名叫朱舜水的学者，是明亡后渡日的遗臣，于儒学颇有研究。他辗转将朱舜水请到江户的水户藩邸，请他讲讲中华学问。

德川光圀是兴趣广泛的人物，不光儒学，也就礼法、农学、造园技术等频频发问，朱舜水也耐心解答。两人接触日多，彼此

ラーメン

性格投契，成了亦师亦友的关系，话题也越来越多。德川光圀是美食家，亲口尝过各地食材，还会评价优劣。据光圀的《西山公随笔》载，时人以为小田原海岸捕捞的鰤鱼滋味最美，他认为伊豆国真鹤近海的鰤鱼最好，无有出其右者。他还让手下在水户建了牧场，自制乳酪，早早吃上了高蛋白的"洋食"。光圀也是面食爱好者，曾亲手制作乌冬面。见他对美食感兴趣，朱舜水教他许多中华菜品，还特地讲了讲中华面。

古中国有藕粉加小麦粉和面，借以增加面条韧性的做法。煮面的汤也大有讲究，不管是鸡汤肉汤，至少不能是白水面。德川光圀很感兴趣，细细记下中华面的做法，还亲手试制。想必朱舜水也尝了光圀做的面，身在异国他乡的朱舜水吃着似是而非的中国面，一定百感交集吧。

与德川光圀关系亲近的日乘上人是日莲宗僧侣，从京都召来水户，日乘久在光圀身边，对他的生活颇多了解。据《日乘上人日记》载：元禄 10 年（1697 年）6 月 16 日，德川光圀亲手和面煮面，招待最亲近的家臣。面是藕粉和小麦粉制成，汤是火腿熬出的高汤，火腿专门从长崎采购。吃面时配"中华五辛"，也就是韭菜、薤头、葱、大蒜和生姜。光圀说此面为"药膳"，加五辛可发散五脏中的淤气，可能也是朱舜水的教导。

不知家臣们对这新鲜吃食喜不喜欢，反正德川光圀十分满意，给它取了个"后乐乌冬"的名字。"后乐"是范仲淹《岳阳楼记》中"先天下之忧而忧，后天下之乐而乐"的意思。德川光圀少年浪荡，改邪归正后成了道学家，给面取名也要考虑"政治正确"，叫人啼笑皆非。

不过，德川光圀的后乐乌冬并未激起水花。因信仰佛教的关系，天武天皇早早颁下"肉食禁止令"，从此日本人对红肉退避三舍。到了5代将军德川纲吉的时代，幕府更颁下"生灵怜悯令"，别说猪牛，羊鸡狗全不能吃。德川光圀是德川家康的亲孙儿，身份非同一般，大鱼大肉犯禁令，将军纲吉不能拿他怎么样，寻常百姓便不同了。于是后乐乌冬只在水户藩内流传，藩主偷偷做，家臣们偷偷吃，仅此而已。

早在300多年前，明遗臣朱舜水将中华面传入日本，虽没能开枝散叶，也是一次难得的尝试。日本人以米为主食，对面也充满热爱。据江户时代的《守贞谩稿》记载，江户人喜食荞麦，几乎每町都有荞麦面店，更有无数流动荞麦面摊。荞麦面与拉面在食材、制法上都有区别，毕竟同属面类，吃惯了荞麦面，也更容易接受后来的拉面。

到了20世纪，各种拉面店如雨后春笋般出现，清爽的酱油拉面与荞麦面滋味相似，受到广泛欢迎。二战结束后，不少日本人从中国归国，带回地道的制面手艺，1947年，猪大骨熬汤煮面成为潮流，豚骨拉面因此诞生；1955年，添加味噌的拉面出现……直到今日，日式拉面依旧在不断变化发展。一碗面看似简单，汤头是猪骨还是虾贝？面是细面、中细面、中粗面还是粗面？叉烧的调味如何恰到好处？……里面学问实在太多了。

店 铺 推 介

金龙菜馆：茨城县是水户藩的旧领，德川光圀在此地享有崇高声誉。"金龙菜馆"是水户拉面研究会的发起人之一远藤馨辉的店。该店根据史料忠实还原德川光圀制作的"后乐乌冬"，采用高级食材中华火腿熬汤，添上大蒜、韭菜等"五辛"同食。

地址：水户市米泽町237-15。

水户藩拉面：四川菜馆的"水户藩拉面"采用藕粉和面，完全遵守传统。汤中添加了大蒜、韭菜等"五辛"，还格外加上枸杞子、松子和香菇等汉方食材，不但色泽鲜艳，对身体也有好处。

地址：水户市河和田町3841。

松尾芭蕉与山药麦饭

松尾芭蕉と麦とろご飯

人物小传：松尾芭蕉

　　漂泊的俳人，《奥之细道》的作者。师从俳人北川季吟，30 岁赴江户，才华为世人肯定，成为谈林派江户宗匠。后重视表现自然和庶民的生活情趣，创造出新派的"蕉风俳谐"。他周游各地体验生活，后因腹泻不止病死于大阪。

　　"晨曦初露，江户日本桥。去往京都，还是初次。不远处整整齐齐，大名队列。不知不觉，高轮高台的灯笼熄灭。天光大亮，马上出发……"

　　这是幕末流行的端呗《东海道五十三次》的第 1 段。该曲共 36 段，唱的是旅人沿东海道一路前行的见闻：从江户日本桥出发，经过品川、川崎、藤泽……最后进京都，再从京都一路返回江户。曲中旅人运气不佳，刚要上日本桥，正遇见外地进江户的大名。按幕府规矩，各地大名定期进江户参勤，遇见大名队列，平民要远远避开，来不及躲开，便得跪在路边行礼。为了威仪，大名队列排得极长，等队列走远，他们才能起身。大名们来来往往，江户人十分烦恼，对行色匆匆的旅人来说，刚出发就遇见大名队伍很不走运。

东海道是江户时代最有名的陆上干道，起点江户日本桥，终点京都三条大桥，全长约 500 公里。另一条干道中山道的起点终点和东海道完全相同，只是路线不同，更长些，山路也多，受欢迎程度差些。

朝廷在京都，幕府在江户，朝幕往来基本通过东海道。不过也有例外：幕末风云突变，朝廷和幕府力量反转，幕府老中们为 14 代将军家茂求娶孝明天皇的妹妹和宫，以壮大幕府声势。孝明天皇同意了，尊王攘夷派坚决反对，还起了半路劫持和宫的心思。为保安全，和宫的嫁妆从东海道走，和宫本人走中山道。据说朝廷定制了 3 台一模一样的轿子，和宫和两名侍女各坐 1 台，借以麻痹攘夷派。

和宫走了 1 个多月才到江户。她是贵人，一路乘轿，鞋上沾不上一点灰尘，为怕辛苦，一日只行有限路程。寻常百姓旅行都穿草鞋步行，为省路费，一日要走 30 公里。清早开始走，眼看日头偏西，就得赶紧投宿。没赶上宿头，得在野外露宿，蚊虫叮咬倒在其次，万一遇见山贼，不但钱财，连性命可能都没了。

旅人们打尖住店的地方叫"宿场"。东海道分布着 53 个宿场，为来往旅客提供饮食休憩服务。著名浮世绘画师歌川广重赴京都公干，沿东海道往来，一路风景给他留下深刻印象。回江户后，他根据途中绘的草稿创作了系列版画，也就是赫赫有名的《东海道五十三次》。

《东海道五十三次》不光是艺术品，也有史料价值，从中可窥见江户晚期的风土人情。正如其中的《鞠子·名物茶屋》所绘，茶屋挂着"山药麦饭"的招牌，店里坐着风尘仆仆的旅人，专心致志地吃着饭，背着孩子的老板娘在一边侍候。店外一位正在行走的旅人，想必刚吃完，要继续踏上旅程——过了鞠子宿，东海道刚走完三分之一，还得一鼓作气啊。

从起点算起，鞠子宿是53宿场中的第20个，位于现静冈县。静冈在江户时代地位非凡，首代将军德川家康隐居后改称大御所，长年住在骏府城，就在静冈境内。当时骏府十分繁华，可与江户、大阪并肩。家康偏爱幼子德川赖宣，曾封他为骏府藩主，带着他同住。东海道53宿的第19宿"府中宿"在骏府城下，因为城里有这一老一小，府中宿规模宏大，是53宿场里的第1名。

府中宿规模大，旅客们一般在那投宿，第20宿鞠子宿陷入恶性循环：无人问津，宿场越来越小，店家也越来越少，于是更无人问津。鞠子宿的生意人痛定思痛，绞尽脑汁想新招：不和府中比住宿，可以比美食。旅客们依旧在府中投宿，可在鞠子宿打尖吃饭。

但是，宿场能提供的吃食无非那么几种，多数旅客都是百姓，不肯也不能在吃食上花太多钱。鞠子宿的生意人开发地方美食，以"补充精力""提高脚力"为卖点，推出一味崭新的"山药麦饭"。当时步行实在辛苦，听说能补充精力，旅客纷纷赶来尝试。

科学研究证明，静冈一带土地含钾量高，特别适宜山药等根茎蔬菜生长。当时百姓不懂什么是钾，只隐约觉得本地野生山药滋味美。静冈野山药又叫"自然薯"，是日本原生种，和中国舶来的山药有些区别。山药在江户时代是公认的滋养食材，有俗语说："想去疲劳，牛蒡需五小时，胡萝卜两小时，鸡蛋只要一会，山药吃了立刻好。"自然薯汁液黏稠，比寻常山药的功效更强些。鞠子宿的生意人就地取材，用自然薯和鸡蛋混合，做出营养又美味的"山药麦饭"。

几百年后的今天，山药麦饭依然是日本人喜爱的美食，因为制作工序简单，不少家庭会自己做来吃。没有自然薯，用山药也无伤大雅。山药削皮后磨碎，最好在研磨碗里擦，擦出的山药泥更有黏性。山药磨好，打入新鲜鸡蛋搅拌，再兑入鲣节煮的高汤，加白味噌搅成黏稠的糊状，这就是浇饭的"汁"。白米与大麦粒同煮成麦饭，将做好的汁倒在饭上，拌匀就可以吃了。讲究的主妇会撒一撮海苔末或嫩香葱，白生生的饭上一点绿，看着更漂亮些。

这个饭做起来不难，却是江户时代鞠子宿的名吃。著名俳人松尾芭蕉游遍天下，自然也吃过鞠子宿的山药麦饭。元禄四年（1691年），芭蕉的弟子乙州要赶往江户，芭蕉写了"梅初开，采嫩菜，鞠子宿山药麦饭"的赠别句给他。初看只是写吃食，却孕着芭蕉的祝愿：春回大地，梅花初绽，蔬菜从雪下萌发，正是旅行的好时候。路过鞠子宿不妨加餐饭，精神百倍地继续前行。松尾芭蕉特意提到它，可见山药麦饭是滋味不错的美食，曾给他留下深刻印象。

不光松尾芭蕉，十返舍一九也在《东海道中膝栗毛》里写到山药麦饭。此书是描述东海道见闻的滑稽游记，文风轻俏，却有一定史料价值。弥次和喜多两位主人公到达鞠子宿，商量着一尝山药麦饭的美味，不巧店主夫妻吵嘴，自然薯磨成的汁被打翻在地。主人公咽了无数口水，终究没吃到，只能怅怅赶往下一个宿场。小小一碗山药麦饭，先后出现在松尾芭蕉、十返舍一九和歌川广重等3位江户文艺界大师的笔下，可见它在当时极受欢迎。

东海道全长500公里，过去旅人往往在两周内走完，辛苦程度可想而知。与他们相比，今天的我们实在幸福。乘坐新干线，东京到京都不到3小时，单日往返也不是问题。不过，有怀古之情的人们依然可以去宿场遗迹看看，更可以去静冈市吃上一份山药麦饭，感受一下江户旅人的"滋补餐"。

店铺推介

丁子屋：坐落于静冈市的"丁子屋"创业于庆长元年（1596年），如今的老板是第14代了。丁子屋被称为山药麦饭的"元祖"，时代大潮滔滔而去，他们依然守着古法，亲手制味噌，亲自去农家收购最好的自然薯。因为这一份坚持，他家的山药麦饭还保有几百年前的滋味，值得一试。

地址：静冈县静冈市骏河区丸子7丁目10-10。

丸子亭：元祖丁子屋固然最好，长住东京的人若想尝尝静冈的山药麦饭滋味，去中野的"丸子亭"也是简单快捷的办法。"丸子"又写作"鞠子"，暗指东海道上的鞠子宿。此处的山药汁也是自然薯所作，静冈味十足。

地址：东京都中野区中野 5-52-15。

德川将军与安倍川饼

德川将军と安倍川餅

　　400 多年前，关原（现岐阜县不破郡关原町）爆发了一场大战，战役只持续了半天，却是"定天下"的"关原合战"。支持丰臣家的西军败退，东军首领德川家康成为实质上的武家领袖。3 年后，家康登上征夷大将军之位，没多久隐居做了大御所，搬去骏府城住。

　　骏府城在东海道上，城边是东海道第 19 宿场"府中宿"，旅店林立，美食众多。府中宿不远有条安倍川，上游有井川的笹山金山，也有梅岛的日影泽金山，河水常混有金砂。德川家康将金山收为幕府所有，命人入山掘金，铸成庆长小判做货币。

　　一日，德川家康带护卫出门，路过府中宿茶屋"龟屋"，进去喝茶歇脚。店主恭恭敬敬献上一碟果子：新捣年糕洒了淡金色豆粉，碟边还有小把砂糖。当时砂糖价贵，德川家康见店主用心，便取了一块尝尝：年糕软糯，砂糖甘甜，还有炒豆的焦香。家康点点头，问果子叫什么名字。店主灵机一动，说安倍川常有金砂出现，所以得了灵感，用豆粉模仿金砂做了"金粉饼"。家康见店主机智，夸了他两句，给果子取了"安倍川饼"的名字。

得了大御所认可，府中宿各茶屋纷纷做起安倍川饼来。江户时代的旅人们基本步行，走得久了，腿脚难免酸软。好容易到宿场，都会停下歇脚打尖。东倒西歪地坐在茶屋里，吹着凉丝丝的风，叫碗茶，吃些果子，有说不出的惬意。糯米做的年糕滋味香甜，消化得慢，最受旅人喜爱。安倍川饼是新捣年糕制作，还撒了贵重的砂糖，很快成为东海道"名物"，虽然价格不菲，来来往往的旅人大都会吃上一份。

时光流转，转眼100年过去，德川家康成了"东照神君"，供在日光的东照宫里，幕府也走马灯似的换了数位将军。第7代将军德川家继只活了7岁，自然没留下子嗣。为争将军之位，同为家康后代的尾张、纪州和水户等"御三家"进行了激烈角逐，最终纪州藩主德川吉宗胜出。

德川吉宗是纪州第2代藩主德川光贞的第3子，德川家康的重孙。吉宗生在金枝玉叶的御三家，可从小不受重视。他母亲叫由利，原是侍候藩主光贞洗澡的侍女。光贞一时兴起，立由利做了侧室，后来产下吉宗。母家身份低微，吉宗从小由家臣抚养，与父亲光贞极少见面。

武家重血缘延续，若儿子多，只有长子和次子待遇较好，其余儿子不受重视。长子受优待自不必说，毕竟是继承人。次子被另眼相看，是为防万一——江户时代医疗水平有限，万一长子夭折，次子可以顶上，以免断了血脉。可惜吉宗是第3子，母亲出身又低，虽是纪州藩主的孩子，也活得小心翼翼。

人生千回百转，谁也不知前面有什么在等。德川吉宗长到21岁，父亲和两位哥哥先后病逝，他成了纪州的新藩主。

德川吉宗自小不受宠，一直生活简素。他做了藩主，沿东海道去江户拜见将军，一路兴高采烈，尝了各宿场名吃。到了府中宿，自然也吃了太爷爷德川家康褒奖过的安倍川饼。曾任南町奉行的根岸镇卫在随笔《耳袋》提到，吉宗对安倍川名物赞不绝口。所谓"安倍川名物"，正是撒了豆粉的年糕。糯米蒸熟捣成年糕，为求柔软弹牙，吃前用热水稍稍浸泡；黄豆炒熟去皮，细细磨成豆粉；年糕捞出装碗，加豆粉白糖，德川吉宗喜欢的安倍川饼就是这样制作的。

德川吉宗的好运还没到头。做了藩主后，第 7 代将军家继染了风寒病逝，吉宗成了第 8 代将军。他力行节俭，推行"享保改革"，禁止奢靡，提倡简朴质素。他重新确立了幕府的财政基盘，因此被称为幕府的"中兴之主"。

幕府将军是天下武人之首，德川吉宗却过着质朴生活。他一日只吃早晚两餐，每餐 1 碗味噌汤，烤鱼和 2 碟小菜。不过他始终忘不了安倍川饼，时常让骏河出身的家臣古郡孙太夫做一些献上。主上有命，孙太夫自然精益求精：安倍川饼主体是年糕，选好米是关键，骏河一带水质清澈，好水才能育好米。孙太夫每年都从骏河运来糯米，亲手做饼给德川吉宗吃。

在江户时代，安倍川饼是府中宿名物，天下无人不知。在游记《东海道中膝栗毛》中，主人公弥次和喜多要过安倍川，可惜旅人太多，得排队等候。茶屋女佣招揽客人，说等着无聊，要不要来份"五文果"。当时安倍川饼售价 5 文，价格昂贵，所以得了这诨名。

直到今日，安倍川饼仍是静冈名产，不过外形、口味都丰富了许多。原先安倍川饼只加豆粉砂糖，如今添了抹茶新口味，更生出外裹小豆泥的新品种。安倍川饼的样子变了不少，唯一不变的是与砂糖同吃的食用法。对爱美人士来说，白花花的砂糖是避之唯恐不及的"毒物"，在江户时代的人看来，砂糖可是难得一尝的珍品。

店 铺 推 介

石部屋：　"石部屋"是文化元年（1804 年）创业的和果子老铺，坐落在安倍川边上。该店安倍川饼沿用传统制法，100% 手工制作，一日销售万余只饼，全部当天制作，只为让客人尝到新捣年糕的新鲜口感。

地址：静冈县静冈市葵区弥勒 2-5-24。

山田一：　安倍川饼在二战时消亡，昭和二十五年（1950 年）山田一郎重新生产"山田一"牌安倍川饼，如今已成为最知名的安倍川饼品牌。该名牌采用上等佐贺产糯米，加砂糖每日现场制作，追求最柔软的质感。包装为浮世绘风格，采用第 3 代歌川丰国《役者见立东海道五十三驿》中的"府中·喜多八"图案，极富江户风情。

地址：静冈县静冈市骏河区登吕 5-15-13。

井原西鹤与奈良茶饭

井原西鶴と奈良茶飯

人物小传：井原西鹤

江户时代前期的俳人、浮世草子作者，大阪人。少年学俳谐，风格自由奔放，被视为异端。后集中精力创作浮世草子，用雅俗共享的文体描写世人的物欲、情欲、人情与义理，客观记录了江户时代武士与町人的生活实态，是日本最初的现实主义市民文学，对后世作家影响深远。

著名俳人松尾芭蕉有云：吃尽 3 石奈良茶饭，方知俳句真滋味。石是古代计量单位，1 石约等于 1000 合，1 合折 150g，3 石就是 450kg。吃 450kg 奈良茶饭，才能懂得俳句？顿顿吃也得数年吧？此处松尾芭蕉是虚指。俳人横井也有曾言："俳席须食奈良茶"，江户时代俳人集会常吃奈良茶饭，芭蕉在教导弟子多练习，多参加诗会，多与其他俳人切磋琢磨，俳句的水平才能提高。

为何奈良茶饭如此受俳人喜爱？俳句形式朴素，少用花哨语句，看上去普通，细读却很有滋味，和清淡有味的奈良茶饭相似。奈良茶饭古已有之，在江户前期才猛地普及起来。

江户幕府初建，武人恪守简朴质素的作风，外出均自带饭食，平民也没有在外饮食的习惯。明历年间，一场俗称"振袖火事"的大火烧了3天，整个江户三分之二成为焦土，死者计17万余人。江户是幕府将军的所在地，火刚被扑灭，大规模重建立即开始。处处百废俱兴，江户周边的青年男子纷纷来找工作。江户本是男多女少的都市——各地大名参勤来往，带来许多单身武士，大量乡村男子进入江户，更加大了单身男性的比重。他们不善烹调，也要吃饭，于是振袖火事后，江户的饮食业迅速发展起来。最先出现的是挑担贩卖的"煮卖"，小贩煮上鱼和蔬菜，挑着担子沿街叫卖。为了防火，贞享三年（1686年）幕府出台命令，限制带火的流动贩卖点，煮卖摊渐渐进化为有柜台的"煮卖屋"。

煮卖屋只是柜台，没有堂吃的地方，客人或立着吃，或者拿回家吃。所以煮卖屋只是日本外食产业的萌芽，直到浅草金龙山出现了制售奈良茶饭的茶屋，外食产业才上了快速发展的轨道。与煮卖屋的单调吃食比起来，奈良茶饭正式许多，饭菜汤皆有，有些现代套餐的模样。

著名作家井原西鹤在遗稿《西鹤置土产》提到，明历大火后，浅草金龙山门前的茶屋煎绿茶，以茶汤煮饭，配上豆腐汤和煮豆提供给客人。这称"奈良茶"，一份五分银，食器精致，饭菜爽口，客人十分满意。想想上方（京阪地区）就没那么便利称意的饭馆。井原西鹤是大阪人，辗转于江户大阪之间，见多识广，连他也不禁赞叹，可见金龙山的"奈良茶"吃口不俗。

奈良茶饭推出后大受欢迎，不久售卖奈良茶饭的茶屋在江户各处出现。正如喜多川守贞在《守贞谩稿》中言，售卖奈良茶饭的茶屋乃是"皇国饮食店之鼻祖"，此类茶屋被后人视为提供酒饭的"料理茶屋"的前身。料理茶屋也分三六九等，高级茶屋进化成后世的"料亭"，前文制作"天价茶渍"的"八百善"就是代表之一。

奈良茶饭本是奈良佛寺的僧人饭。兴福寺和东大寺等拥有茶园，每年农民会上缴制好的茶叶。僧人将茶叶用开水泡两次，滤出茶汤，分"初泡"和"次泡"。大豆炒熟后用小锤敲碎，倒入白米，用次泡茶汤煮熟后加入初泡茶汤，撒上少许盐和抹茶粉同食，就是奈良茶饭的原型。白米可与黑豆同煮，称"豆茶饭"，也可加入去年收获的干栗，又名"栗茶饭"。根据留下的史料，奈良东大寺二月堂举行"修二会"佛事时，寺方会专门提供奈良茶饭，与茶粥同食。

本来只是奈良的僧食，是什么契机让它在江户大受欢迎呢？米豆同煮，消化时间长，饱腹感强也许是原因之一。不过江户人爱新鲜，用茶汤煮饭的做法奇特，他们也有尝鲜心理。在室町与战国时代，茶是大名豪商的专享，奈良茶饭用的不是一等茶，毕竟比野茶少些苦味，多些茶香，广受町人百姓喜爱。连俳人也觉得奈良茶饭是简朴又雅致的吃食，集会时常常叫来吃。

浅草金龙山的奈良茶饭屋是元祖，进入江户中期，川崎宿的"万年屋"成了奈良茶饭的名店。川崎宿是东海道上第 2 个宿场，位于武藏国橘树郡川崎领，就是如今的神奈川县川崎市。它最繁盛时有 300 多家店铺，曾接待过第一任美国驻日领事哈里斯，也住过孝明天皇的皇妹和宫。

有首名为《江户日本桥》的俗谣，唱遍了东海道 53 个宿场的名产。俗谣开头是从江户日本桥出发，当时天未亮，换成现代时间约凌晨 4 点。一路疾走，到了 18 公里外的川崎宿正好到饭点。川崎宿有不少饭铺，在万年屋歇歇脚，吃上份奈良茶饭，走一下午都不饿。

万年屋的奈良茶饭比浅草金龙山丰富些，小豆、大豆、栗子配上米与粟米同煮，不加水，全使用煎茶的茶汤。全天煮饭，客人不必等候，很快能吃到口。香喷喷的茶饭与微甜的腌菜同食，再喝碗加了多摩川蛤蜊的味噌汤，也算不错的一餐。万年屋的奈良茶饭名声远扬，也出现在各类文艺作品中。十返舍一九在诙谐游记《东海道中膝栗毛》中安排弥次和喜多在万年屋吃奈良茶饭，喜多把墙上挂的《鲤鱼登瀑图》误认为鲫鱼吃细面，闹了大笑话。江户来的幕府官员广濑六左卫门也在《杂记抄》提到，一份奈良茶饭仅售 38 文，算价廉物美，不光旅人云集，去平间寺参拜的信众也会吃上一份。

万年屋本是供应茶饭的饭铺，因为生意兴隆，规模渐渐扩大，成为川崎宿首屈一指的茶屋。据说大名路过此处，都会特地叫一份奈良茶饭做午膳。在江户晚期的图鉴《江户名所图会》中，万年屋只有插图，并无详细解释，可见已有极高知名度。

平成十三年（2001 年），为纪念川崎建宿场 400 年，川崎市举办了"大川崎宿祭"，在宗三寺入口复原了万年屋，还按传统工艺制作与数百年前一模一样的奈良茶饭。干栗、小豆和大豆提前浸泡一夜，粟米洗净浸泡。大豆炒香后泡水，剥去外皮待用，干栗与小豆煮到八分熟。之后将所有材料入铁锅，加盐、煎茶茶汤开煮，煮好后再焖 10 分钟，香喷喷的奈良茶饭就完成了。

经历了百年岁月，川崎早已成为现代都市，不少餐馆依然提供奈良茶饭。我们不妨前去点一份，体验一下几百年前行走在东海道上的旅人食。

店 铺 推 介

川崎屋东照："川崎屋东照"的奈良茶饭将粳米与糯米混合，加入炒大豆、干栗和小豆，煮饭时添加茶水。米饭软糯、小豆甘甜，与绿茶的清爽十分搭配。该店食材讲究，制法传统，但考虑到现代人的健康观念，推出减盐版奈良茶饭。

地址：川崎市川崎区本町。该店也有多款和果子出售。

柳茶屋：开业于明治初期的老店，至今已有 140 余年历史。奈良僧人常吃茶饭，受此影响，茶饭也成为奈良人常吃的食物。进入明治时代，文明开化之风劲吹，奈良茶饭渐渐为人遗忘。柳茶屋初代店主再次推出茶饭，并用高级玉露煮饭，唤醒了奈良人的记忆。该店坐落在奈良名胜五重塔附近，面对猿泽池，风景优美。

地址：奈良县奈良市登大路町 49。

德川吉宗与樱饼

徳川吉宗と桜餅

人物小传：德川吉宗

江户幕府第 8 代将军，"享保改革"的推行者，被誉为江户幕府的"中兴之祖"。他出身纪州，因前代将军无子嗣，得以继承将军位。面对前代遗留的财政困难等难题，他主张简朴质素，开发新田，还重整官僚机构，设置小石川养生所，在飞鸟山与墨田川堤植树等，在政治、经济、社会各方面实施了各种政策。

说到樱花，许多人会想到日本。日本人赏樱的历史并不久，平安时代前，贵人们最爱梅花，其后樱花才成为公卿的心头好，但当时多为野生的单瓣樱，人工培育痕迹不多。

比起单瓣樱，花瓣重重叠叠的复瓣八重樱更豪华些。雅人吉田兼好偏不赞成，在《徒然草》写道："可以在自家宅院中栽种的树木，有松和樱。松里五叶松不错；樱花单瓣的漂亮些。八重樱以前只奈良城有，近来许多地方都有。奈良吉野和大内紫宸殿御阶左侧的樱花，都是一重樱；八重樱是变种，花朵繁复累赘，没有清爽之致，不种也罢。"

单瓣复瓣，雅人有许多讲究，公卿贵族还常开赏樱会。年年春天樱花盛开，百姓只是偶尔看看，直到江户出现种樱潮流，赏樱也成为町人百姓的娱乐。

在江户初期，3代将军德川家光命人在宽永寺和增上寺种植樱树。到了8代将军德川吉宗的时代，江户成长为世界级都市，人口近百万，其中小一半是武士，他们占用了65%以上的土地；神社佛寺又占约15%的土地，剩下才是町人的居住地。町人大都住在鳞次栉比的木屋（长屋），环境十分恶劣。

城市规划学告诉我们，居住过密容易造成精神压力，引发一系列都市病。200多年前没这样的科学知识，但将军吉宗超前地认识到"公共空间"的重要性，他决定盖公园，供町人休憩使用。中野地区有片空地，将军吉宗命人种了许多桃树，春风一起，桃花开得锦重重的，町人百姓兴致勃勃地赏花游玩。他还在飞鸟山、御殿山和隅田川种了许多樱树，过了数年，从浅草到向岛的隅田川堤坝成了有名的赏樱地。暖风一吹，堤边樱花盛放，游人们摩肩接踵，在樱树下赏花饮酒，说不尽的风流。

赏过樱的人都知道，单株樱树固然美，樱树成林时，花如连绵不断的绯色轻云，一直延伸到天边，那景色才是绝美。将军吉宗在隅田川种了数百株樱树，花开时灿如云霞，也带来了问题：樱树枝叶茂密，秋风一起，上百株樱树一起落叶，打扫卫生的人叫苦不迭。向岛长命寺正在隅田川边，守门人山本新六有扫不尽的落叶，实在辛苦。他灵机一动，想到不如在春日摘下叶片，用

桜
餅

盐腌了做果子。和寺前的果子店商议后，他将樱叶装进酱油坛子，再用盐渍上保存。果子匠将小麦粉摊成薄饼，包上小豆馅卷成春卷状，饼外用盐渍樱叶包裹，美其名曰"长命寺樱饼"。

江户人自命江户之子，最爱新鲜，自然要尝尝新果子。一传十十传百，来向岛游玩的人们都会在长命寺前买些吃。据史料记载，江户晚期的文政七年（1824 年），长命寺一年做 38 万只以上樱饼。所谓无心插柳柳成荫，将军吉宗植樱美化都市，却催生出一种新吃食。

长命寺樱饼诞生于江户中期，只是樱饼中的小字辈，江户早有京都传来的樱饼，又名道明寺樱饼。早在江户初期，京都和果子店"桔梗屋"开始售卖樱饼，明历三年（1657 年），江户发生火灾，半城化为灰烬。各地商人进驻江户开新店，桔梗屋也开了分店，樱饼开始进入江户人视野。长命寺樱饼是小麦粉烤制，京都樱饼无小麦成分，是道明寺粉制成，道明寺粉是糯米粉的一种。平安知识人菅原道真有位女性长辈，在道明寺出家为尼，法号觉寿尼。道真被左迁九州，觉寿尼把糯米蒸熟风干，再粗磨成粉，日日供在神前，希望护佑道真安康。因有这个缘故，蒸熟风干，再大致磨碎的糯米粉被称为"道明寺粉"。道明寺粉加水和色粉调匀，裹上小豆馅，团成或圆或扁的形状，拦腰粘上一枚腌渍过的樱叶，就是正宗京都樱饼。一个是江户本地产品，一个是京都来的吃食，为了区别，江户人以"长命寺"和"道明寺"来称呼。

日本国土不算辽阔，但关东和关西风土有异，风俗多有不同。直到今天，关东人仍偏爱长命寺，关西人喜欢道明寺。两者形状不同，食材有异，毕竟都用腌制的樱叶包裹，核心概念相似，都属樱饼。

樱叶闻起来没味道，用盐一腌会激出芳香，用来包果子，不但可防干燥，香气也会沁入。樱树种类众多，樱饼必须用"大岛樱"的叶片，它叶子柔软，叶上的毛也少些，更适合加工食品。伊豆是大岛樱叶的集中产地，做樱饼的樱叶 70% 来自伊豆的松崎町。

前面我们说过椿饼，椿饼的叶子只做观赏用，樱饼的叶子呢？自樱饼发明，这问题被问了千千万万次，一直没有标准答案。道明寺樱饼是糯米粉制成，糯米黏性大，樱叶不易揭，勉强揭下也脏了手，连樱叶吃是主流做法。长命寺樱饼是小麦粉调成，叶片也大，容易揭下来，果子匠建议剥去叶子食用。江户时代有段落语，初买长命寺樱饼的客人询问如何吃，店主笑称去叶片外皮食用滋味更佳。客人答应一声，捧着樱饼坐在河边，对着隅田川的滔滔流水大吃起来。"外皮"与"河"同音，"剥去"与"对着"同音，客人一时糊涂，以为吃樱饼要对着河，闹出了大笑话。

直到今天，樱饼也是春日应季果子之一，到了 2 月末，和果子店纷纷摆出粉嫩的樱饼，像在预告樱花即将盛放。都市人日日生活在水泥森林，与自然有许多隔阂，猛然看见店头樱饼，顿时感到季节转换。买上一只，嗅一嗅，樱叶的芳香钻入鼻孔，又一年春天来了。

店铺推介

自享保二年（1717 年）以来，位于墨田区隅田川边的果子店一直坚持制作长命寺樱饼。该店樱饼不含任何人工添加剂，外皮选用高级小麦粉，豆馅使用北海道小豆制作，叶片是伊豆松崎町叶片腌渍而成，香味馥郁，色泽鲜亮。

地址：东京都墨田区向岛 5-1-14。

鹤屋寿："鹤屋寿"是创业于昭和二十三年（1948 年）的老店，是岚山最初的樱饼专门店，长年制作色香味俱全的樱饼。本店樱饼不加色粉，呈现出道明寺粉天然的洁白色泽。食材全部国产，馅料甜度适中，饼皮软糯有弹力。店内有各类包装的樱饼，既可作送礼佳品，也是配茶吃的佳果。

地址：京都府京都市右京区嵯峨天龙寺车道町 30。

平贺源内与蒲烧鳗鱼

平賀源内とうなぎの蒲焼

人物小传：平贺源内

江户时代的博物学者、洋学者、发明家，被称为"日本的达·芬奇"。他性格放荡不羁，流浪各地，从事过千百种工作，完成了上百种发明，包括静电发电装置、防火布、万步计、磁针器等。他会画西洋画，写过畅销书，还为店铺创作过广告文案。后因杀人入狱，病死狱中。

每年夏风一起，鳗鱼就成了热门话题。鳗鱼有哪些好处，哪家鳗鱼店滋味最美……电视节目主持人说得津津有味，观众们也食指大动，顿时想起蒲烧鳗鱼的美味来。鲜活鳗鱼开背穿串，先烤再蒸，之后涂上微甜酱汁，慢火烤得嗞嗞冒油。咬上一口，蒲烧特有的鲜香在嘴里散开，整个人都来了精神。

鳗鱼是古老食材，历史可追溯到新石器时代。日本最古老的歌集《万叶集》也出现了鳗鱼："三十六歌仙"之一的大伴家持见朋友不敌暑热，整个人消瘦许多，特作歌劝他吃鳗鱼补身。

大伴家持只说吃鳗鱼，并未提到滋味如何，可见当时鳗鱼只是滋补品，不是可口美食。

据平安史料记载，当时鳗鱼主要是蒸制：切段上屉清蒸，之后蘸盐或酱食用。想来滋味一般，可能还带些腥气。

鳗鱼的"蒲烧"法大约出现于室町时代，京都吉田神社一位姓铃鹿的神官留下《铃鹿家记》，里面记载了蒲烧鳗鱼的制法。"蒲"是长在水边的植物，会结出棒状果穗，中国叫蒲棒。时人将鳗鱼切段穿竹串，架火来烤，看上去和蒲棒有些相似，所以得了"蒲烧"的名字。京都边的宇治川出产肥大鳗鱼，蒲烧鳗鱼又叫"宇治丸"。

据室町时代的菜谱《大草家料理书》记载，宇治丸是将鳗鱼切段穿串，涂上酒和酱油来烤，也可涂花椒味噌。不过鳗鱼脂肪多，烤制时油脂沁出，酱油等调味料往往被冲淡，吃起来淡而无味，还有些油臭气。直到200多年后的江户时代，厨师终于发明了新烹饪法，鳗鱼的美好之处才发掘出来。

江户时代的京阪地区称"上方"，是衣食住行的潮流发源地。大阪更被称为"天下厨房"，天南海北珍贵食材汇集，也有许多手段高超的厨师。他们不再将鳗鱼简单切段，而在腹部划一刀，将鳗鱼肉展开穿串来烤，鱼肉受火均匀，调味料也沁入肌理。江户中期的百科辞典《和汉三才图会》将蒲烧鳗鱼写作"馥烧"，"馥"为香气浓郁之意，极言蒲烧鳗鱼香气四溢。

上方的蒲烧鳗鱼很快传到江户，也引发了当地变革。江户是幕府将军居所，大名们参勤来往，带来大批武士，单身男子多，消费力惊人。江户人原来以上方马首是瞻，但随着庶民文化的发展，开始以"江户之子"自居，力图开创新潮流。江户厨师采纳了剖鳗取肉的做法，却不在肚腹下刀，改在背部开。后人以讹传讹，说江户武士多，开腹与"切腹"类似，看着不吉利。其实鳗鱼腹部柔软，开膛不易，背部下刀简单些，效率也高。"江户之子"是急性子，讲究"快睡快起，快吃快拉"，从背部下刀，归根究底是因为一个"快"字。

除了性子急，江户人口味也重，和爱清淡的京阪人不同。江户附近的铫子地区酿造浓酱油，厨师用来烹饪蒲烧鳗鱼。浓酱油配上酒和砂糖，调出咸中微甜的酱汁，均匀涂在鳗鱼肉串上，烤到酱色就可以吃了。

18世纪末是江户风蒲烧鳗鱼的全盛期，上至豪商巨富，下至町人百姓，无人不知它的美味。吃鳗鱼的地方分3个等级，最高级的是鳗屋，一律现杀现烤，客人要候上许久，热腾腾的鳗鱼才上桌。江户人性子急，但在鳗屋有耐心，店主上一壶酒，客人就着腌菜喝，平心静气地等鱼烤好；比鳗屋低一等的是小饭馆，除了鳗鱼，还卖泥鳅锅、烤鲶鱼等平民吃食；最低等的是流动小摊，鳗鱼先烤好，堆在箱中保温，来了客人，再涂酱汁重新烤烤，是便宜又好吃的"快餐"。

有朋友可能知道"土用丑日吃鳗鱼"的日本风俗。土用丑日是按旧历法和阴阳五行算出的日子。一年分四季，立春、立夏、立秋和立冬前的18~19日被称为"土用"，此处的"土"是"五行"金木水火土的土。古人认为万物由五种元素组成，春属木，夏属火，秋属金，冬属水，土平均分配在四季，每个季节来临前都有"土用"。"丑"源于十二干支，每12天有个"丑"日，土用中的"丑

うなぎの蒲焼

日"合称"土用丑日"。丑的发音为"うし"，据说土用丑日吃"う"打头的食物可预防疰夏，整个夏天精神百倍，鳗鱼正是"う"字打头的食物。

"土用丑日吃鳗鱼"说是风俗，其实只有 200 多年历史，最初是饭馆招徕客人的"广告语"，是江户中期有名的"怪人"平贺源内的创意。平贺源内是洋学家、发明家和药学家，也是作家和画家，是"先于时代"的人物。他是蒲烧鳗鱼爱好者，在戏作集《风流志道轩传》自述"离了江户蒲烧鳗鱼无以为生"。

某个炎炎夏日，一位饭馆店主向平贺源内诉苦，说天气热了蒲烧鳗鱼滞销，十分苦恼。平贺源内在纸上写了"今日是土用丑日，宜食鳗鱼"，吩咐店主把纸贴在店门前。店主依言照办，顿时顾客盈门。其他店家依样学样，土用丑日吃鳗鱼渐渐成为风俗，一直延续到现今。

全世界每年鳗鱼产量约为 20 万吨，其中一半以上是日本人消费的，可见他们对鳗鱼爱得热烈。近年鳗鱼价格居高不下，日本国产鳗鱼更贵得厉害，许多爱好者只得退而求其次，拿东南亚等地的养殖鳗鱼解馋。其实一般超市也有做好的"蒲烧鳗鱼"卖，一盒大概 2000 日元，看着红彤彤的，似乎也不错。不过蒲烧鳗鱼极有讲究，一要食材新鲜，必须活鳗鱼现剖；二要现吃现烤，吃的就是嗞嗞冒油的热乎劲；最后，部位不同，吃起来感觉大不一样，中段肉最肥厚，几乎没有刺，靠近头尾的部分小刺多，吃着不快。而且，蒲烧鳗鱼对厨师要求也高，有"穿串 3 年，剖鱼 8 年，烤鱼一生"的说法，鳗鱼肉穿串穿得匀整，需要 3 年工夫；平顺地剖开鳗鱼，要练 8 年；至于要把鳗鱼烤好，得花一生来钻研。超市的蒲烧鳗鱼是冷冻鳗鱼加工的，又经过冷藏，吃口必然差了些。但是，在美食的世界，要么多花钱吃好的，要么降低要求吃便宜的，美味与便宜不可兼得。所谓价廉物美，物超所值，只是顾客的一厢情愿吧。

店 铺 推 介

鳗割烹·大和田：位于新桥和银座的"鳗割烹·大和田"是明治二十六年（1893年）创业的鳗料理老铺，店内菜单简单，以蒲烧鳗鱼、鳗鱼盖饭为主。选用鲜活鳗鱼先烤再蒸，之后刷上甜口酱汁继续烧烤，香气扑鼻，入口绵软。

新桥店地址：东京都港区新桥 2-8-4

银座店地址：东京都中央区银座 7-2

广川：京都最有名的鳗料理店之一。该店食材十分讲究，鳗鱼养在嵯峨野的地下水中，借以除去鳗鱼特有的土腥气。烧烤采用最高级的纪州备长炭，无烟熏味，反而有清淡香气。涂抹的酱汁也是代代祖传的秘方。

地址：京都市右京区嵯峨天龙寺北造路町 44-1

松平不昧与若草

松平不昧と若草

人物小传：松平不昧

松江藩第 7 代藩主，茶道大师，茶道石州流不昧派之祖。松平不昧也是一位有作为的藩主，通过藩政改革，促进了藩内农业和手工业的发展，并推动了茶道文化在松江地区的普及。著作有《茶事十二月》《古今名物类聚》等。

"店前薄冰生，跨过缓入内。"这俳句看似普通，其实有滋味。薄冰是季语，表明是乍暖还寒的初春时候；店是和果子店，和花团锦簇的洋果子店不同，朴素的店招透着安静闲适。到了店前，客人连脚步都放缓了，这就是"和"的魅力。

和西洋果子相比，和果子更甜些，吃一口甜到喉咙，整只吃完难免腻了。和果子和茶道关系紧密，不宜空口吃，要配日本茶。和果子按含水量大致分 3 类：首先是含水 40% 以上的生果子，一般小豆馅制作，模样精美，有鲜明季节特征；其次是含水 20% 以下的干果子，糯米粉和砂糖制，模子压成可爱的形状；

半生果子在两者之间，外皮略硬，中间填了软糯的豆馅。浓茶味苦，配甜腻些的生果子；薄茶味淡，适合清淡的干果子，半生果子比较灵活。大福、羊羹是常见的生果子，有平糖、落雁和煎饼等属于干果子。最中是典型的半生果子，糯米粉加糖烤制成型，中间加各类馅料，外刚内柔，十分有趣。

吃和果子要选对茶，吃法也有讲究：得按季节选果子，春日吃樱饼风雅，夏天吃就有些不对，秋意一深，又是吃栗羊羹的好时候。取果子装在碟里，欣赏它的精致样子，再用长短适宜的杨枝切着吃。杨枝是牙签，吃和果子常用黑文字杨枝，樟科植物制成，有天然花纹，还有淡淡香气。

由此可见，和果子不是果腹的吃食，是有审美价值的艺术品，更是茶道的组成部分。

和果子源于舶来的"唐果子"，进入室町时代，公卿贵人倾心茶汤，茶道逐渐确立，茶会用的果子也讲究起来。果子不光要应季，更要有想法，能表现茶会主人的趣味喜好。与一般人相比，茶道宗师更精益求精，他们不满足于购买现成果子，还与果子店主共同推敲，定制更合心意的新款果子。不少和果子都是他们的创意，若草就是其中之一。

若草一词初看不明所以，"若"是年轻之意，若草就是嫩草。若草是春天的应季果子，碧绿长条形，模仿暖风轻拂、草木欣欣向荣的春日美景。

若草由糯米粉加糖蒸熟搅拌而成，以做法、食材论，应归入生果子类的"求肥"种。求肥原名"牛皮"，是古中国祭祀用的祭品。它是红糖所制，外观茶褐色，质地柔韧，和鞣制过的牛皮有些相似，所以得了"牛皮"的名字。牛皮漂洋过海来到日本，天皇把牛皮改成"求肥"，这名字一直用到现在。

既是求肥的一种，若草如何得了这别致名字呢？若草两字来自江户中后期风流大名松平不昧的短歌。松平不昧是松江藩第7代藩主，本名松平治乡，不昧是雅号。江户时代茶道早已成熟，茶人不少见，松平不昧是少见的"大名茶人"。他少时学石州流茶道，晚年开宗立派，创出新派"不昧流"。他收集了"油屋肩冲""枪樵肩冲"等茶道名器，还编写了《古今名物集》，介绍了各名器的模样、主人、尺寸，还一一定了品级，书中的评价标准一直沿用至今。

松平不昧隐居后醉心于茶道，在江户和松江藩的庭园建了多所茶室，"菅田庵"和"明々庵"一直保存至今。他还指导匠人烧陶，按喜好制作茶碗，也研制各类新鲜果子配茶。松平不昧是茶道流派的宗师，要定时举办茶会。办茶会要考虑许多——根据季节、客人身份选择插花、挂轴、果子、茶器和果子器等。他在茶会使用自制的乐山烧、布志名烧茶器，也让客人见识了许多精致果子。

松平不昧茶会用的果子十分讲究，他写过茶道指导书《茶事十二月》，详细记录了每月茶会适合用哪些果子。他写过一首短歌："云起雨未落，栂尾山上摘若草"，栩栩如生地描出一幕有趣场景：澄净的春日天空突然被云朵覆盖，空气湿漉漉的，似乎马上要落雨，栂尾山上的人们赶紧采些嫩芽带走。栂尾是知名茶产地，人们采的是茶树嫩叶吧？栂尾山上大片茶园，春来嫩叶萌发，远远看去像绿色海洋。松平不昧模仿栂尾山春景制出一款绿果子，在春日茶会使用，这绿果子就是"若草"。

若草在江户后期名噪一时，进入明治时代突然失传。明治中期，和果子店"彩云堂"店主善右卫门翻遍古籍，走访不少茶人，终于觅到若草的制作方法：选奥出云、仁多地区的一级糯米，用石臼细磨成粉，奥出云等地气候寒冷，产出的糯米最有弹性；之后米粉倒进铜锅，加砂糖、麦芽糖加热，匠人长时间搅拌，直到粉团呈半透明，再揉出一个个长条形待用；把糯米蒸熟，擀成煎饼状，放在阴凉地风干，待水分挥发完，捣成粉末，再调成翠绿色，就是"寒梅粉"；最后把做好的长条形捧在手里，均匀撒上寒梅粉，碧绿的若草就完成了。

时光荏苒，彩云堂店主100多年前重新发现若草，如今它已是知名果子，讲究点的果子店都能见到它的身影。它是春天的应季果子，3~5月份都有供应。但是，细心的果子匠人会调节寒梅粉的颜色，不同时候的若草有微妙不同。都是绿果子，3月是带黄的嫩绿，5月便是翠绿了，用果子体现季节变化，这也是和果子的精致之处。看见玻璃柜里的若草变成翠绿色，风雅的顾客心领神会：已是暮春时节，眼看要到初夏，路边的杜鹃已冒出花蕾了吧。

店 铺 推 介

彩云堂："彩云堂"是创业141年的松江和果子老铺，首代店主也是若草的重新发现者。该店严选奥出云的高级糯米，加净水磨粉，全程手工制作。制出的若草软糯有弹力，与机器制品大不相同。

　　地址：岛根县松江市天神町 124，也可在网店购买。

　　风流堂："风流堂"创建于明治二十三年（1890 年），向来珍视松江地区的饮茶文化。对于松江人来说，感悟季节变化，与好友聊天品茶，从来缺不了精致美味的和果子。该店若草色味俱佳，是有名的风流铭果。

　　地址：岛根县松江市矢田町 250-50。

田沼意次与天妇罗

田沼意次と天ぷら

人物小传：田沼意次

江户时代中期的幕臣，远江相良城主。深受第 10 代将军德川家治信任，掌握幕政实权。他眼光独到，与商人关系良好，实施重商经济政策。但纵容行贿受贿，引起幕府内外保守势力的反感。德川家治死后连受处分，在失意中死去。

"武士进饭馆，取了牙签走。"

"肚里空荡荡，武士叼牙签。"

这曾是江户流行的打油诗，腰插双刀的武士掀门帘入店，老板满面笑容，正要问点什么菜，武士从台上取下几支牙签走，原来是为它们来。武士虽穷，自尊心却强，吃不上饭也得叼着牙签，显出酒足饭饱的样子。

17 世纪初，德川家康建江户幕府，开创了长达 200 多年的和平时代。江户幕府最初崇尚勇武刚健，太平日子一年接一年，武士早不知沙场征伐为何物，成了领固定薪水的公务员。到了江户中期，江户成为百万人口的国际级大都市，物价逐年上升，武士薪水不变，生活逐渐困窘。8代将军德川吉宗重申简朴质素准则，花团锦簇的江户一时褪了色。德川吉宗死后，因为田沼意次的"重商主义"政策，江户又渐渐恢复了原状。

田沼意次侍候过9代将军家重、10代将军家治，当过幕府最高官员。田沼名声不好，不少史书将他写成唯钱是命的贪官，"贿赂政治"的代表。其实他是难得的商业天才，有超前的商品经济意识。同时代官僚仍"以农为本"时，他已坚持"以商为本"了。他大力鼓励商业发展，对町人百姓极少管束。在他掌权的十数年里，江户风气自由，庶民文化开枝散叶，吃穿住行等各方面都有极大发展。

与自古繁华的京都大阪相比，江户只是后起之秀。江户初期，江户人各方面唯京阪马首是瞻，随着庶民文化的发展，他们开始以"江户之子"自居，饮食也强调"江户味道"。江户男多女少，许多单身汉日日"外食"，催生出发达的饮食业。街头巷尾到处是小吃摊，这些摊位被称为"屋台"，售卖各种"屋台料理"。最受欢迎的是寿司、荞麦面和天妇罗，合称"江户三味"。

寿司和荞麦面且不论，"天妇罗"（天麸罗）这词古怪，既不像日语，也不像中国的舶来语。直到现在，其来源仍众说纷纭，不少人认为是葡萄牙词"tempero"演变而来。"tempero"有"四季斋日"的意思，换季头3天斋戒，不能吃肉，只能吃鱼，葡人用面粉裹鱼油炸，专在斋日吃。

16世纪中期，葡萄牙商人来到长崎，日本人将葡国产品叫做"南蛮货"，也接受了"tempero"这南蛮吃食。当时日本人少吃油炸食物，发现面粉调上鸡蛋液和盐，裹上鱼油炸，吃起来竟别有风味。他们不光试着做，连名字也依样画葫芦，叫做"天妇罗"。

天妇罗听着新鲜，其实日本早有与它类似的食品。早在12~13世纪，赴中国学禅的日本僧人学会了精进料理（素斋）。精进料理做法不少，有将蔬菜裹面油炸的制法，既不破戒，又能安享美味。僧人将精进料理带回日本，渐渐在以京都为中心的关西地区普及。到了江户初期，中国福建的隐元禅师来到京都黄檗山万福寺，他亲手教僧众制素斋，其中也有与天妇罗相似的菜品。蔬菜、豆腐厚厚地裹上面，在油锅炸熟后放入大盘，僧众不论身份高低，一起分而食之。不过，因为裹的面粉较厚，吃起来有些油腻，僧人们持戒茹素，油多的菜品也许更受欢迎。

长崎天妇罗何时来到江户？翻遍史料也没有确切答案。宽延元年（1748年）刊发的菜谱《歌仙之组系》提到天妇罗，可见之前已存在。不过，名称虽相同，江户天妇罗的外皮不加调味料，炸熟后蘸酱汁食用，与长崎天妇罗有些相同。

当时捕捞技术虽低，江户临近江户湾，鱼虾贝类极为丰富。鱼虾易腐坏，裹面油炸能消去令人不快的腥味，又能延长保存时间，实属一举两得。于是天妇罗很快成为江户常见的"屋台料理"，鱼、虾、贝、海鳗……什么都可以炸一炸，闻着鲜香扑鼻，吃着外酥里嫩。屋台没有堂吃的地方，店主将天妇罗串成串炸，客人们蘸上混有萝卜泥的酱汁站着吃。

天妇罗串价格便宜，一串仅售4文，摊贩多用菜籽油和芝

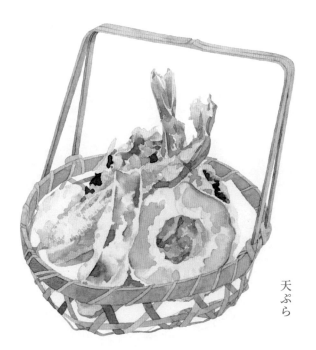

天
ぷ
ら

麻油，可精制油技术有限，油中杂质多，炸起来黑烟直冒。到了江户晚期，高级料亭推出进化版天妇罗，还起了"金妇罗""银妇罗"等雅致名字。据说金妇罗的外皮是精制荞麦粉与蛋黄混合而成，用纯净茶油炸，炸出来金灿灿的，像纯金铸就。银妇罗的外皮是荞麦粉与蛋白的混合，样子银光闪闪，和金妇罗刚好是一对儿。

除了以上做法，有绘本曾画了个天妇罗摊招牌，写着"榧油制天妇罗"字样。榧油是香榧果仁榨的油，算稀罕物。如今金妇罗银妇罗的做法早已失传，香榧树在日本也接近灭绝，若当真是榧油炸，我们只能想象它们的滋味了。

炸天妇罗要用热锅热油，江户时代的房舍均为木造，一旦失火后果不堪设想。所谓"千金之子，坐不垂堂"，将军居城的御膳所从未做过天妇罗，代代将军均与它无缘。到了幕末，15代将军德川庆喜听了幕臣胜海舟的介绍，对天妇罗产生了兴趣。胜海舟从天妇罗店"天金"买了炸牡蛎，庆喜吃得心花怒放。据说他常让天金送炸牡蛎，装在带波纹的锅岛皿中，牡蛎长度要五寸。还有段逸话，说德川庆喜曾经乔装打扮去天金，大模大样地堂吃了一回。堂吃的滋味和外卖一定大不相同。

到了明治时代，天妇罗用油讲究起来，达官贵人也请厨师到家现炸现吃。厨师随身带两只箱子，一应用具均收在里面，做完后厨余也全部带走，颇受顾客欢迎。专门店也纷纷出现，在客人面前炸天妇罗，动作要利落，滋味又得好，对厨师的要求越来越高。

到了今天，天妇罗已是日餐的代表食品之一，不少访日游客喜爱它超过刺身。不光外国人，日本人也一样痴迷，天妇罗到处都有，可去专门店吃，也可去超市买盒实惠的。若有兴趣，买袋天妇罗粉，自己 DIY 更自由，炸鱼炸肉炸蔬菜，什么都行。但不要太别出心裁，在 2008 年，十多人吃了天妇罗里的紫阳花叶子，结果中了毒。紫阳花虽是夏天的风物诗，但叶子是有毒的啊。

不少历史读物说德川家康是吃天妇罗死的，所以幕府禁止武士吃天妇罗，嘴馋的只好披上头巾去屋台偷偷吃。其实按规矩说，武士根本不能"外食"，别说天妇罗，在外吃什么都不行。而且德川家康也不是吃天妇罗死的。据《德川实纪》记载，元和二年（1616 年）1 月，德川家康去骏府的田中打猎，遇见京都旧识，聊了一会天。旧识说京里有新鲜吃食，鲷鱼用榧油煎后配碎韭蒜食用，滋味极佳。家康命厨子试制，果然鲜美，他一时嘴馋，吃了整整一条。

也许油煎鱼太过油腻，他当晚腹泻不止，拖了一段时间后便血，还发现腹中有肿块。用现代眼光来看，那都是胃癌的症状。

虽然德川家康死于胃癌，但诱他发病的不是天妇罗，而是那油炸鲷鱼，如今叫做鲷鱼南蛮渍。

店铺推介

天一：银座名店"天一"创建于明治五年（1872 年），不光受政界、财界人士的喜爱，也被武者小路实笃、志贺直哉等文人当做沙龙。食材均采用应季鱼虾蔬菜，并用高级芝麻油炸制。

地址：东京都中央区银座 6-6-5 2F。

八坂圆堂："八坂圆堂"起源于明治四十三年（1910年），原名"茶屋近江荣"，后搬至八坂通，起名为"天妇罗·八坂圆堂"。该店采用新鲜当季京蔬、山菜，濑户内海与若狭直送的鱼虾，琵琶湖打捞的河鱼，制作最地道的京风天妇罗。用油是最高级的棉籽油，蘸料也依照独家秘方调制，鲜香美味又健康。

地址：京都府京都市东山区八坂通东大路西入小松町566。

幕末时代

1853 年—1867 年

　　1853 年，美国海军将领佩里率军舰驶入日本的浦贺海岸，史称"黑船来航"，动荡的幕末时代从此揭开序幕。美国要求与日本通商，其他列强也纷纷效仿，要求日本开国。江户幕府锁国了 200 余年，但列强的坚船利炮厉害，只能违心接受。幕府一让步，远在京都的朝廷炸了锅。孝明天皇打心眼憎恨列强，坚决要求幕府把列强赶出日本。天皇的意见必须尊重，可与列强打仗是找死，幕府有苦说不出。朝廷要求攘夷，幕府阳奉阴违，不少武士气不过，离开故乡做起了"攘夷志士"。他们暗杀洋人、焚烧外国大使馆、行刺幕府官员，堪称无法无天。幕府没办法，在京都设了专门维持治安的警察队伍"新选组"，局长近藤勇、副长土方岁三都是赫赫有名的人物。

　　幕末许多藩都陷入财政危机，武士们都降了薪，有的还停发了工资。直属幕府的武士虽然是"国家公务员"，经济状况也不乐观，工作之余要接些私活补贴家用，有的做伞，有的打草鞋，有的种花。武士穷，商人越来越富，市场也越来越繁荣，江户、大阪和京都等大都市的高级料亭数不胜数，小馆子更多如牛毛。攘夷志士们多是单身在外，一人吃饱全家不饿，他们经常下馆子大吃大喝，日子过得比正儿八经的武士自在多了！

德川家定与长崎蛋糕

徳川家定とカステラ

人物小传：德川家定

江户幕府第 13 代将军，生来病弱，脾气古怪，不爱在人前抛头露面。接任将军位后列强纷纷来航，德川家定苦无良策，只有委任手下解决。他因体弱多病一直无子嗣，由此引发将军继嗣问题，加速了江户幕府的倒台。

日本有种很受欢迎的果子，名叫卡斯提拉（カステラ），糕体金黄，表面有薄薄的茶褐砂糖结晶，吃着甘甜松软，质地异常细腻。在昭和初期，卡斯提拉还是贵重礼物，客人提着它进屋，全家人眼睛都亮起来。好容易熬到客人告辞，一家老少围在卡斯提拉盒前，主妇小心翼翼地揭开盖子，甜蜜的香气飘满屋子，孩子馋得哇哇叫，大人也偷偷咽口水。吃完了盒子也不舍得扔——那是质量极好的硬纸板制成，主妇要仔细擦干净，放在柜子里做收纳盒用。

卡斯提拉是西风东渐的产物，前身是 400 多年前葡萄牙人带来的"南蛮果子"。经过改造，它成为日本特有吃食，归于"和果子"行列。卡斯提拉到处都有，长崎制作水平最高，因此又叫"长崎卡斯提拉"，在中国简称为"长崎蛋糕"。

卡斯提拉的名字听起来古怪，源于葡萄牙语单词 Castella，指西班牙的卡斯蒂利亚（Castilla）王国，卡斯提拉就是当地发明的吃食。

400多年前的日本正在室町晚期，群雄并起，打得不亦乐乎；放眼世界，欧洲诸国已驾船四处探险，正是蓬勃的大航海时代。葡萄牙人先到了种子岛，数年后传教士和商人来到鹿儿岛。他们带来了火枪，也带来了教义，试图在这片陌生土地上宣教。

江户文献《原城纪事》记载，弘治三年（1557年），葡萄牙船上的传教士向日本人分发"卡斯提拉等物"。小濑甫庵也在《太阁记》写到，宣教士在长崎分发"卡斯提拉"果子传教。至于为何叫此名，可能当地人拿了果子后询问何物，传教士说是卡斯蒂利亚王国的果子。传教士日语水平有限，人们听得似懂非懂，索性音译为"卡斯提拉"。

当时卡斯提拉含有牛奶和蜂蜜，是穷人难得的滋补营养品。长崎是重要港口，大量砂糖从中国运来，再送往日本各地。长崎砂糖易得，因此有不少有名的果子店，果子匠见了卡斯提拉，开始研究仿制。日本没有饮牛奶的习惯，也没有洋式烤炉，匠人们调整食材和做法，做出了改良版卡斯提拉。据《南蛮料理书》载，改良版卡斯提拉由鸡蛋、砂糖和小麦粉制成，三者等比例混合，倒入釜中慢火烘，成品吃口稍硬，甜头也小。

到了16世纪晚期，卡斯提拉已洗去舶来色彩，成为长崎果子。

カステラ

据《长崎缘起略》载，文禄元年（1592 年），长崎金屋町的果子商村山东安专门去肥前名护屋城（现佐贺县镇西町）拜见丰臣秀吉，当时秀吉在该地指挥对朝鲜战争。村山东安做了些稀罕菜与果子，其中有卡斯提拉。丰臣秀吉很感兴趣，连吃了几片。上有所好下必甚焉，见秀吉喜欢，不少武士也用它做茶会果子。

江户幕府建立，3 代将军德川家光实施锁国，长崎成为日本与外国交流的唯一窗口。国内风气闭塞，唯独长崎保持开放。福砂屋、长崎屋、松翁轩和文明堂等赫赫有名的果子店相继出现，都把卡斯提拉当招牌产品。各地学者来长崎学习兰学（洋学），都会尝尝它，也买些送给故乡亲友。长崎卡斯提拉的名声慢慢向京阪地区扩散，不久后来到将军脚下的江户。

宝永五年（1708 年），人形净琉璃剧场"竹本座"上演了近松门左卫门的《倾城返魂香》，里面有句台词："比起落雁、卡斯提拉和羊羹，送果子的侍女肌肤滑腻更诱人。"落雁和羊羹是高档果子，卡斯提拉与它们并列，可见价格不菲。江户中期后，日本甘蔗栽培面积扩大，制糖术日渐成熟，砂糖价格回落。据《古今名物御前果子秘传抄》记载，卡斯提拉里的砂糖和鸡蛋更多，质地变得松软，味道也更甜。

太平日子一年连一年，转眼到了 12 代将军德川家庆的时代，四面环海的日本遇到大麻烦。嘉永六年（1853 年），美国海军提督佩里率舰队来日，以坚船利炮为后盾，要求日本开国通商，是为"黑船来航"。幕府见佩里一行势大，用了缓兵之计将其劝走，不久德川家庆病逝，病弱的独子家定做了将军。

德川家定身有痼疾，发病时头部和手脚不受控制地摇摆，将军身心皆弱，幕府官员只能自力更生。一年后佩里率舰队再来，几次交涉后，幕府答应签订《日美和亲条约》。签约前幕府官员在横滨设宴款待，一应菜肴由日本桥有名的料亭"百川"供应。为保幕府体面，厨师做出山珍海味，有鲷鳍汤、比目鱼刺身、鲍鱼和各色贝类。餐后果子也备了许多，除了虾糖和白石桥香等传统果子，还有一味卡斯提拉，厚约4公分，宽5公分，长10公分，用和纸包着，让佩里一行带回去吃。其他果肴都是传统日餐，偏偏混了卡斯提拉，可能是幕府官员考虑到佩里等人的口味特意提供。

百川是公认的高档料亭，厨师也使出浑身力气，可惜佩里对日餐不感兴趣。他在日记写道："味道不算好，食材、做法太过重复，都是一类东西。若论美食，比起日本人和中国人，还是琉球人水平高。"在幕府官员看来，菜肴全用高档食材，烹饪也精细到极点；可佩里认为肉食太少，味道过淡，实在不算美食。两方观点差距极大，是文化冲突的好例子。佩里没提到卡斯提拉，不知他对这改良版洋果子有何感想呢？

将军德川家定对政务不感兴趣，却是善良的好人，和御台所笃姬关系和睦，对臣下也和气。他爱吃甜食，对卡斯提拉情有独钟，也喜欢传统和果子。彦根藩主井伊直弼做了幕府大老，将军身边的使唤人常与他沟通，提到将军家定时不无遗憾地说：已年过三旬，依然和少年一样，拿小豆和南瓜做果子，也做卡斯提拉送人，身边侍从都得过赏赐。将军家定手艺有限，小豆煮得半生不熟，被赐果子的侍从一脸惶恐，也不得不吃干净。

将军家定无子，收了"御三家"之一的纪州藩主德川庆福做养子。庆福拜见养父，被赐了一碟卡斯提拉，庆福吃了两片，突然面色铁青，猛地昏厥倒地。家定做果子的手艺没坏到这程度，庆福可能中了毒。好在他福大命大，被随侍的医师抢救回来。德川庆福就是 14 代将军德川家茂，也是甜食爱好者。

幕末志士坂本龙马也喜欢卡斯提拉。他曾被幕府通缉，避祸前往萨摩。萨摩重臣小松带刀陪他去高千穗山，带了卡斯提拉做便当。龙马似乎很中意，还在《海援队日记账》写了制作方子："鸡蛋百匆，面粉 70 匆，砂糖 100 匆，烤制。""匆"是江户时代的计量单位，1 匆约等于 3.75g。

2010 年大河剧《龙马传》热播，头脑敏锐的商家也竞相挖掘与坂本龙马有关的商品。卡斯提拉老铺"文明堂"更走在前面，该剧播出前，文明堂推出"海援队卡斯提拉"，完全按《海援队日记账》中的制法做成。听到这消息，龙马粉丝纷至沓来，店家还建议仿照海援队员的豪放吃法，不用刀切片，直接用手掰来吃，别有一番趣味。不过，海援队卡斯提拉有些粗糙，吃着有些面包的感觉，相比较而言，还是今天的好些。毕竟时代在进步，制作技术、食材都比 100 多年前好许多。若坂本龙马有机会尝尝，对卡斯提拉的爱又会多了几分吧？

店铺推介

福砂屋：长崎"福砂屋"创业于宽永元年（1624 年），创业不久就制作卡斯提拉，是历史悠久的老铺。卡斯提拉要松软，搅拌面糊是最重要的工序。福砂屋不用机器，全部人工，根据温度、食材状况调节搅拌时间和力度。为使质地更松软，匠人还使用"别立法"，蛋白和蛋黄分开，蛋白充分打发后再加蛋黄和糖继续搅拌，和寻常做法大不相同。

地址：长崎县长崎市船大工町 3-1。东京、京都均有直营店，各大商场也有专柜。

文明堂："文明堂"创建于明治三十三年（1900年），也是制作卡斯提拉的名店，"特制五三卡斯提拉"十分有名。该店以国产小麦粉、德岛县和三盆糖等为素材，提高蛋黄的比例，做出的卡斯特拉松软如绵，入口即化又有回味。

地址：东京都中央区日本桥室町 1 丁目 13 番 7 号。各大城市均有直营店，商场也有专柜。

井伊直弼与味噌牛肉

井伊直弼と近江牛みそ漬け

人物小传：井伊直弼

幕末的大老、彦根藩主，精通坐禅、和歌与茶道的文化人。哥哥过世后井伊直弼继任彦根藩主，后任幕府大老。他压制拥护德川庆喜的一桥派，将将军继嗣定为纪州藩的德川庆福，还与美国签署通商条约，引发猛烈的反对浪潮。他发起安政大狱镇压反对派，后于樱田门外遇刺身亡。

明治维新后，大量西洋人涌来，日本人被他们的体格吓住了，与洋人相比，自己矮小得像孩子。洋人也带来许多洋玩意，日本人心醉神迷，崇拜得五体投地。如何尽快赶英超美？首先要提高日本人素质，从身体和头脑两方面提高。于是，模仿西方饮食习惯成为当务之急，洋人爱吃牛肉，日本人也要吃，还得多吃。

当时政府元首是年仅 15 岁的明治天皇，从小长在深宫，被一众女官呵护得无微不至。他按传统束发髻，剃眉，一举一动还是老派头。国家要文明开化，明治天皇得带头，他留了眉毛，也改了做派。大久保利通劝他吃西餐，个人喜好得服从国家需要，他也提起刀叉吃西餐，不久还尝了牛肉。那是明治五年（1872年）1月24日，那一天也被定为"肉食解禁日"。报纸报道后，许多从未尝过红肉的人也开始吃肉了。

纵观历史，日本人并不是一直排斥肉食。在绳文时代，靠狩猎采集为生的人常猎杀野猪和鹿食用。佛教传来后，人们对杀生产生恐惧，食肉也成了罪孽深重的行为。天武天皇于公元675年发布了史上最初的《肉食禁止令》，牛、马、犬、猿和鸡皆属禁物，鹿和野猪倒没禁止。牛马可用于农耕或重物搬运，是重要工具，自然要保护；犬可看家护院，鸡能打鸣报时，也一并留下。鹿嚼食植物嫩芽，野猪会在夜间破坏农作物，吃他们只会有益。由此可见，《肉食禁止令》虽是佛教思想触发的"慈悲"法令，其实有浓烈的实用主义色彩。

之后各类肉食禁止令陆续出台，公卿贵族也许遵守，但千百年来庶民早养成食肉习惯，难以立即改变。况且，猎户渔民靠狩猎捕鱼为生，若严格执行禁令，他们就没了生计。官家把海洋生物全部豁免，山鸡野兔等野味也在许可范围内。有些猎户捕到野猪等大型动物，也想出售或自吃，但这明显违禁，只得折衷一下，给兽肉取个"药食"的名字。言下之意是：吃肉不是满口腹之欲，是为了治病，等同于吃药。

战国时代天下大乱，肉食禁止令也形同虚设，不光野生动物，家养牛马也遭了毒手。饥饿的低级武士从农家偷牛，架火炙烤后大嚼的事件频发。天正十八年（1590年），丰臣秀吉发动小田原征伐，武将高山右近还亲自烤了牛肉，招待好友蒲生氏乡和细川忠兴吃。

进入江户时代，太平日子长久延续。牛是农耕工具，江户幕府实施严格保护，禁止私自养殖屠杀，只有彦根藩（今滋贺县）例外。彦根藩主是井伊直政，他战功累累，深受德川家康信任，名列"德川四天王"之一。家康得了天下，井伊家被封在彦根，年年向将军家进献制太鼓用的牛皮，幕府特许合法杀牛。杀了牛，牛皮硝制后献上，余下大量牛肉，只能想法子吃掉。

17 世纪末的元禄年间，彦根藩士花木传右卫门随藩主去江户参勤，凑巧得了本李时珍的《本草纲目》。闲居无事，花木传右卫门仔细研究，发现上面说牛肉可安中益气，养脾胃，补益腰脚，止消渴。文后还附了"返本丸"的方子：黄牛肉去筋膜切片洗净，和酒入坛，再用桑柴文武火煮。可能嫌制法繁难，传右卫门直接改成牛肉切片用白味噌腌渍，名字略改一字，称"反本丸"，说可以滋补亏虚，是滋养药。

彦根藩年年杀牛，大量牛肉做成"反本丸"，送到各大名手中。大名吃了都说好，还写了感谢信送到彦根。11 代将军德川家齐酷爱吃肉，反本丸也送到将军的千代田城。为保证肉质鲜嫩，井伊家每年派出两支队伍送"药"，先到千代田城的有奖。

彦根博物馆有件名叫《御城使寄合留帐》的重要藏品，里面有宽政后彦根藩给将军和诸大名送牛肉的详细记录。除了做反本丸，彦根藩也研制出保存牛肉的新方法：牛肉去筋膜，清水浸泡去味，蒸熟后用绳悬挂阴干。为了不影响滋味，要尽量少放盐，最好寒天制作，暖日多加盐亦可，恐对药效有影响。这称为"寒干肉"，也送给将军家齐品尝，家齐十分满意，还特地询问制法。

彦根井伊家按时给大名送味噌牛肉，一送就是 100 多年。嘉永元年（1848 年）12 月，前水户藩主德川齐昭特地给井伊直亮写感谢信，称对方数次送牛肉，感激不尽。德川齐昭是美食家，更是牛肉爱好者，彦根牛肉鲜嫩柔软，又用白味噌腌过，烤起来香气四溢，吃起来有甜香。可惜井伊直亮数年后殁了，新藩主井伊直弼断了牛肉供应。德川齐昭忍耐不了，特写信去讨，却碰了钉子。井伊直弼直言藩内禁止杀牛，不但今年没了，以后再没有彦根牛肉吃。

井伊直弼不仅是藩主，更是做了幕府大老的人物。当时已是幕末，日本乃四面环海的岛国，列强环伺，幕府风雨飘摇。以美国为首的诸国倚仗坚船利炮要求日本开国，井伊直弼是仅次于将军的大老，自然要早早决策，决定到底和平开国还是武力攘夷。井伊直弼自幼爱读书，对西洋事物有些了解，知道日本与列强实力相差甚远，攘夷于事无补，先开国后强国才是正路。可惜攘夷派势力不小，不光孝明天皇反对，德川齐昭也是其中一人。井伊直弼与德川齐昭冲突数次，最终签了开国通商条约。数年后，井伊直弼在樱田门外遇刺身亡，十余名刺客大都是水户出身。

"因食物而起的怨恨持久深刻"是日本人爱说的俗语。不少人以讹传讹，说刺客乃德川齐昭指使，只为报吃不到味噌牛肉的一箭之仇，这听来耸人听闻，其实是该一笑置之的逸话。井伊直弼主张开国，德川齐昭是攘夷重镇，两人观点针锋相对，是不折不扣的政敌，若刺客当真是齐昭派遣，也不是因吃食起的杀心。

100 多年间，彦根的味噌牛肉从不对外出售，只作为高级礼品在大名间流通，寻常武士也不得入口，更别说町人百姓。不过，江户町人百姓并非与红肉无缘。享保三年（1718年），江户半藏门边的麴町开了家药食店，把野猪肉叫做"山鲸"、鹿肉叫做"红叶"，烧烤或做涮火锅吃。幕末横滨成为通商港口，一家名叫"伊势熊"的居酒屋推出牛肉锅，顿时食客盈门。井伊直弼一死，禁杀令废止，专用彦根牛肉的饭店雨后春笋般冒出来。彦根牛肉质鲜嫩，人们吃了都说好，名声也越来越响亮。在江户及后来的东京，它都是抢手产品。如今彦根早改了滋贺县的名字，彦根牛也改叫"近江牛"，是日本数一数二的牛肉名牌。细数知名牛肉产地，松阪、神户、米泽等高档牛都是明治维新后发展起来的，只有近江牛有悠久的历史。

井伊直弼因坚持开国惨遭杀害，短短8年后幕府成为历史，明治政府发足。原先的攘夷派摇身一变，成了政府大员，观点立场也发生180度转变。在他们的指挥下，日本走上了全面开国、迅速西化的道路。他们成了开国元勋、赫赫功臣，井伊直弼却一直被骂做"赤鬼"，被当做旧政权势力的代表。其实，若论开国，井伊还走在他们前面。

店铺推介

冈喜："冈喜"是近江牛专门店，在滋贺县拥有自家直营牧场，每头牛都是百分百近江牛。提供味噌渍等牛肉菜肴，色香味俱全。也可在该店购买新鲜牛肉，霜降牛肉堪称绝品。

总店地址：滋贺县蒲生郡龙王町山之上 5294 番地。

千成亭："千成亭"也是得到认证的近江牛专门店，保存了日餐的传统元素，又利用一级食材近江牛，制出价格合理又口感一流的菜肴。

地址：滋贺县彦根市户贺町 120-4。

高杉晋作与越乃雪

高杉晋作と越乃雪

人物小传：高杉晋作

　　幕末尊王倒幕派志士、长州藩士。少年入吉田松阴的松下村塾学习，与久坂玄瑞合称"村塾双璧"。后赴上海参观，归国后成为坚定的攘夷派。烧过江户品川的英国使馆，组织过奇兵队，还击败过讨伐长州的幕府军，令幕府权威扫地。维新成功前夕因肺结核死于下关。

　　日本人喜欢数字3，列举好物事总要举出3个。松岛、天桥立和宫岛合称"日本三景"；秋田县大曲、茨城县土浦和新潟县县长冈是"日本三大烟花比赛"主办方；水户偕乐园、金泽兼六园和冈山后乐园是"日本三大名园"。日本也有"三大铭果"的说法，"铭果"指名字有说法、有来历的优质果子，三大铭果分别是金泽森八的"长生殿"、松江风流堂的"山川"和长冈大和屋的"越乃雪"。

　　和果子大致分生果子、半生果子和干果子三种，干果子水分少，保存方便，三大铭果都是干果子。干果子种类不少，有平糖、落雁和煎饼都常见，三大铭果都属"落雁"类。

落雁名字风雅，来历却众说纷纭。江户晚期的辞典《类聚名物考》有云：今有名为落雁的果子，出自近江八景的"平沙落雁"。雪白米粉混上黑芝麻，看着像江边歇脚的大雁，故得此名。当然也有其他说法，比方说落雁是明代传入日本的果子，中文名"软落甘"（なんらくかん）。为叫起来顺口，简称らくかん，后来变成落雁（らくがん）。还有种说法更诗意，400 年前，有人将米粉果子献给天皇，天皇见果子形状方正，四角有些黑芝麻，随口吟：白胜白山雪，四方千里落雁，于是此果得了"落雁"的名字。

落雁来源不详，制法倒简单明了。江户时代的果子制作书《古今名物御前果子秘传抄》记录了制法：米粉炒熟，掺入砂糖或水饴拌匀，填入木刻模具，压紧定型而成。除了米粉落雁，还有小麦、豆粉和栗子粉制的麦落雁、豆落雁、栗落雁等。

江户初期的落雁较朴素，后来模具日渐精巧，审美性越来越突出。据元禄二年（1689 年）的《合类日用料理抄》载，当时有"菊、扇、草花、动物"等模样的落雁。江户晚期的落雁越发豪华，有栩栩如生的牡丹、莲花等各类图样。不过，三大铭果样子却朴素，尤其长冈的"越乃雪"，只是端端正正的方形，色泽淡白，与五彩斑斓的同类大不相同。

铭果指名字有说法的果子，越乃雪的名字也有来历。安永七年（1778 年），长冈藩第 9 代藩主牧野忠精卧病，整日没精打采，吃饭也不香甜。随从为主君担忧，特与果子店"大和屋"

店主庄左卫门商量，希望他制些新鲜果子。庄左卫门左思右想，藩主有病在身，甜腻果子怕不合适，最好做一种清淡有滋味的。长冈属越后，是有名的米产地，上好糯米泡软磨碎，在寒天自然风干，得到"寒晒粉"，比一般糯米粉好。当时正是冬季，夜里滴水成冰，制出的寒晒粉颗粒细致、米香浓郁。这样好的寒晒粉配砂糖可惜，庄左卫门选了德岛产的和三盆糖，这种糖色呈浅黄，水分多，甜里带着特别的厚重感。庄左卫门将它们拌匀填入模具，做成了朴素的方块果子。

新果子被送到藩主牧野忠精面前，他取出试吃，入口即溶，没一点渣滓，口里满是淡淡甜香。说来也怪，他当天胃口大开，不久恢复了健康。

牧野忠精特地召见大和屋庄左卫门，说果子吃起来轻盈，看起来淡雅，和冬来越后降下的雪花相似，故赐名"越乃雪"。那么好的果子，自己吃浪费，应该打造成长冈名物，闻名天下。于是越乃雪被定为长冈藩专用礼物，武士们把它带到各地，很快成为全国知名的"铭果"，连偏远的虾夷地（现北海道）都能买到它。

高杉晋作是鼎鼎有名的长州志士，和越乃雪有段特殊缘分。越乃雪质地松软，从盒中取出一块，稍一碰触会散成粉末，活像静静降下的冬雪。高杉晋作病逝前曾将越乃雪洒在青松盆景上，借以想象雪压青松的冬日美景。

高杉晋作生于长州中上级藩士之家，从小受尽宠爱。他文武两道皆通，深受藩主眷顾，高官厚禄本唾手可得。他偏生脾气孤傲，不愿在政局中心，更不愿做个遵规蹈矩的官僚。他长成众人眼里的闯祸小子，数次犯下脱藩大罪，坐过牢，还险些切腹。他天生敏锐洞察力，对时局有清晰判断，在冲动的志士将长州推到危险边缘时，是他带头"功山寺起兵"，才让内外交困的长州重新站起来。有学者表示，若没有高杉晋作，没有功山寺起兵，明治维新至少要推迟 20 年。

高杉晋作是刀法精强的武士，一心忧国的英豪，也是能诗能画的雅士。汉诗繁难，幕末志士大都不通，他一人独作 200 余首，也能画上几笔。也许天妒英才，他 20 余岁染上肺结核，虽是不治之症，只要善加保养，也未必早夭。可他一直强撑，不愿离开战场。等倒幕之势已成，他病入膏肓，只得告别战友同志，带着妾室宇野在下关樱山隐居。山居寂寞，只有花鸟作伴，屋边植有数株翠竹，清风吹得竹叶沙沙响，他写了数首诗，也画了不少墨竹图。高杉晋作一生爱梅，病重后转爱竹，可能是羡慕它枝干劲节，充满了蓬勃生命力吧。

高杉晋作山中养病，旧日战友都忙着。偶尔抽空看他，送去滋补精力的鲤鱼、牛肉等物，还有各类果子，其中就有越乃雪。

明治维新后担任了陆军中将、封子爵的三浦梧楼也是长州出身，曾追随高杉晋作左右。他 1916 年在《天下第一人》中回忆：高杉晋作死前 10 天，三浦梧楼去看望，他人瘦得厉害，精神倒好。高杉笑着寒暄，三浦发现他手边有盆青松盆栽，苍绿枝叶托着些细白粉末。三浦一时好奇，高杉说是前些日子别人送的越乃雪，自己病重，怕今年看不成雪，于是把果子抖在青松上，权作提前赏雪。三浦心下凄然，高杉晋作嘴角带笑，坐在一旁的妾室宇野早滴下泪来。

也许高杉晋作当真视死如归，轻轻松松说出沉重话题，听者该多难过，尤其是一直陪在他身边的宇野。高杉本有妻室，宇野处境尴尬，好容易得以同住，他又灯尽油枯。看着爱人的生命一点点消逝，自己却无能为力，那摧心肝的痛苦寻常人难以忍受。

因为有高杉晋作这则逸事，越乃雪也多了些凄美色彩。

明治维新成功，日本走上全面西化的道路，越乃雪这果子依旧受欢迎。明治天皇去北陆地区巡幸，饮茶时配的果子就是它。随同前往的岩仓具视、大隈重信等觉得滋味不错，还专门买了些，回东京送给至亲好友。据说日本海军联合舰队司令官山本五十六也爱越乃雪，因它易碎，常用手托着吃，那时的他看不出一点军人的威严劲儿。

时光荏苒，转眼已是21世纪。无数名人湮没在历史的烟尘中，越乃雪依然还在，发明它的果子店大和屋也依旧营业。大和屋本店在新潟县的长冈市，名为"越乃雪本铺大和屋"，可见越乃雪是招牌产品。不过，若想吃也不用特地去新潟，东京的三越、高岛屋等百货公司都有售。初雪的时候，看着窗外飞舞的雪花，抿口酒，吃块越乃雪，微辣的酒浆也带了甜意。高杉晋作一定也用过越乃雪佐酒赏雪吧。

店 铺 推 介

越乃雪本铺大和屋：位于新潟县长冈市的"越乃雪本铺大和屋"是越乃雪的源头。从古至今一直采用越后特产糯米与四国产的和三盆糖做果子。食材虽不繁复，工艺全按230年前的方法，力图做出最本色的越乃雪。

地址：新潟县长冈市柳原町3-3。各大机场、大型百货店均有售。

近藤勇与鸡蛋蓬蓬

近藤勇と卵ふわふわ

人物小传：近藤勇

天然理心流刀客，新选组局长。生于武藏国农家，被刀客近藤周助收为养子，并继承道场。后被幕府雇佣，在京都组织专门负责治安的新选组，抓捕了不少尊王倒幕派志士。戊辰战争中败于甲州胜沼，被绑缚板桥处斩刑，后首级被盗，下落不明。

有媒体公布过数据，日本人每人每年吃 329 个鸡蛋，几乎一天一个，仅次于墨西哥和马来西亚。不少人不信：真吃得那么频繁？鸡蛋确实是他们饭桌常客，和蔬菜炒、连壳煮、去壳做温泉蛋、打散做玉子卷、和油煎蛋，更可以打在热腾腾的米饭上吃。日本人深爱鸡蛋拌饭，新蒸好的米饭冒着热气，敲开鸡蛋盖上，拈一撮葱花，滴几滴酱油，用筷子搅匀，就是简单又美味的一餐。

和许多动植物一样，鸡也是舶来品，约 2500 年前经朝鲜半岛来到日本。《古事记》写到，天照大神藏在天之岩户后面，只有长鸣鸟一起打鸣才能叫出。此处长鸣鸟就是鸡，它们被视为神灵的使者。直到今天，祭祀天照大神的伊势神宫还依传统饲养神鸡。

虽说是神灵使者，古人也把鸡肉和鸡蛋当做食材。《日本书纪》提到：自古天地不分，也分不出阴阳，混混沌沌像个鸡蛋。后来轻盈清亮的阳气上升，变成了天；沉重浑浊的阴气下降，变成了地。这段文字和盘古开天地的故事相似，大约是受了启发写成。作者若不吃鸡蛋，自然不懂鸡蛋的构造。

到了公元 675 年，笃信佛教的天武天皇出了"牛马犬猿鸡一律禁食，违者必受惩罚"的禁令，人们痛失鸡肉食材。禁令虽未提鸡蛋，鸡蛋能孵小鸡，吃它也算杀生，人们有些忌讳。平安时代的药师寺僧人景戒写了《日本灵异记》，其中有吃水煮蛋的年轻人落入"灰河地狱"，被烈火炙烤的可怕故事。镰仓时代的禅僧无住在《沙石集》写道：母亲认为能滋补，给孩子吃许多鸡蛋，结果梦见反复说"孩子可爱啊，真可怜"的女子。不久几个孩子相继夭折，应该是受了诅咒。

到了室町时代，人们发现未受精的鸡蛋孵不出小鸡，吃鸡蛋不算杀生的观念滋生。室町末年天下大乱，血肉横飞的大战时有发生，人们的生死观也有了改变。当时葡萄牙商船在日本靠岸，搭船来的传教士向日本人布道，还免费提供卡斯提拉等南蛮果子。果子含有牛奶和鸡蛋，日本人最初不惯，后来也当成滋补品食用。

德川家康开幕府后，鸡蛋成为达官贵人的口中食。当时人们对鸡肉依然排斥，没有专门的养鸡所，农户在自家庭院散养，收了鸡蛋，同蔬菜一起运到江户贩卖。散养鸡没经品种改良，往往五六日才产 1 枚蛋，到了冬季，母鸡忙着孵蛋，一连数日都颗粒无收。因为产量少，江户时代鸡蛋价贵，据《守贞谩稿》记载，1 只水煮蛋约 20 文，1 碗荞麦面才 16 文。以当今货币来算，一只水煮蛋至少 500 日元，确实出人意料。

虽然鸡蛋价贵，时人以为它能滋补强身，顾客也不少。江户町中常见挑着扁担卖煮蛋的小贩，吉原游郭里年轻男子多，更是卖煮蛋的好地方。

幕府将军是武人领袖，鸡蛋是常吃的食材，除了打在汤里、做成蛋卷，还有新鲜吃法。据幕府资料记载，宽永三年（1626 年）3 代将军德川家光上洛，曾在二条城设宴款待后水尾天皇。论身份两人是君臣，私下是亲戚，家光小妹妹和子 13 岁入宫，天皇算家光的妹夫。为款待他，将军家光备下无数佳肴，其中一道是鸡蛋制成，名叫"鸡蛋蓬蓬"。

鸡蛋蓬蓬的日文名是たまごふわふわ。たまご是鸡蛋，又写作"玉子"或"卵"；ふわふわ形容柔软蓬松的模样，暂译蓬蓬。宽永二十年（1643 年）刊行的实用菜谱《料理物语》也提到了它，做法不难，可能食材价贵，所以成了款待天皇的菜品吧。

随着时间推移，鸡蛋菜肴种类越来越多。有将鸡蛋打入勺子，煮熟后放入汤中的"美浓煮"；有将蛋液打匀，慢慢滴入沸腾糖液中的"玉子素面"；有将生蛋黄涂在水煮蛋上，串在细竹串上小火烤的"山吹卵"。到了天明五年（1785 年），菜谱大全《万宝料理秘密箱》记载了 103 种鸡蛋制成的菜肴，简称"卵百珍"。

卵百珍听起来有趣，大都是异想天开的菜品，只有小半常吃，"鸡蛋蓬蓬"也名列其中。鸡蛋蓬蓬一直人气不减，还成了东海道袋井宿的"名物"，新选组局长近藤勇都是它的粉丝。

东海道53个宿场中，袋井宿建成较晚，为吸引旅客来食宿，店主们绞尽脑汁，想出种种菜肴。当地的甲鱼锅、烧鳗鱼都是大菜，鸡蛋蓬蓬清爽有滋味，适合早餐时吃。大阪豪商升屋平右卫门写下《仙台下向日记》，提到在袋井住宿时吃了鸡蛋蓬蓬的早餐。《东海道中膝栗毛》的两位主人公向来挑剔，也把鸡蛋蓬蓬乖乖吃净。在动乱的幕末，近藤勇上洛时路过袋井宿，吃了鸡蛋蓬蓬后再忘不了。之后他久驻京都，仍不时让相熟的料亭做上一锅。

在腥风血雨的幕末，新选组是最引人注目的武士团体，队士身穿浅葱色队服，腰间插着双刀，头上手上常带护具，日夜在京都巡逻。各藩攘夷志士纷纷上洛，京都成了不折不扣的修罗场——每个漆黑的夜晚，无论通衢大道或背静小巷，随时可能有凶案发生：刀光闪动，鲜血飚出，石板路被染得斑斑驳驳。负责治安的新选组与攘夷志士针锋相对，是不共戴天的死敌，队士都有心理准备：每日出了屯所，也许再回不来了。

近藤勇是新选组局长，同样过着刀头舐血的日子。他是武藏国农家出身，武藏国在今日的多摩一带，当时是"天领"，直属幕府将军的领地。与德川氏有这层渊源，近藤勇是铁杆佐幕派，与萨摩、长州的攘夷志士不共戴天，手上也颇有几条人命。

新选组队士都爱玩闹，花钱大手大脚，领了赏金就去岛原花街饮酒取乐，喝得醉醺醺再回去。鸡蛋蓬蓬滋味清淡，怎么也不像下酒菜——也许近藤勇拿它做夜宵吃？或是酒醒后的早餐？

鸡蛋蓬蓬做起来简单，感兴趣的朋友不妨一试。首先要熬"出汁"，也就是中国人说的高汤。中国高汤含义模糊，清汤奶汤均有，可以是鸡汤、排骨汤、牛肉汤等。日式高汤相对简单，最常见的是海带和鲣节煮成的，质地澄净、略带黄色。将适量酱油、盐和料酒倒入高汤，仔细搅匀后小火煮开备用。

打鸡蛋入碗，用力搅拌，要打出丰富的泡沫才行。如今有打蛋器，这容易多了，在江户时代，厨师用几根筷子绑在一起打发，想想就辛苦。

鸡蛋打发完毕，转大火将汤汁烧沸，鸡蛋沿锅边倒入锅中，撒上些胡椒，盖上锅盖。煮 1 分半钟，蛋液膨胀起来，再撒上些海苔末或香葱末，鸡蛋蓬蓬就完成了。

吃起来是什么感觉呢？入口即化，先品出浓郁的汤汁香，接着是醇厚的鸡蛋味道。说像鸡蛋羹，又更细腻些，更像融了蛋液的高汤。几勺就吃完了，但能回味很久。

明治维新后，东海道各宿场不复往日繁荣，袋井宿自然也是，鸡蛋蓬蓬的制法也慢慢被人遗忘。直至 21 世纪初，袋井市观光协会为吸引游客，以江户时代文献为基础，综合江户食品研究家的意见，复制出曾令近藤勇心醉的鸡蛋蓬蓬。2007 年，鸡蛋蓬蓬在"第 2 回 B-1 Grand Prix"地方美食大赛首次亮相，很快风靡全国。如今袋井市的饮食店不光提供传统鸡蛋蓬蓬，还研制出以鸡蛋蓬蓬为基础的蛋糕甜点与冰淇淋。有机会路过袋井市，一定要去尝一尝。

店｜铺｜推｜介

远州味处·toriya 茶屋："远州味处·toriya 茶屋"位于静冈县袋井市，JR 袋井站步行 5 分钟即到，它也是有 80 年以上历史的老店。该店鸡蛋蓬蓬使用最上等鲣节高汤制作，打发鸡蛋也是手工操作。蛋液混入适当空气，做出的鸡蛋蓬蓬更蓬松，质地也更细腻，一口一口都是江户时代的传统滋味。

地址：静冈县袋井市高尾町 15-7。

故乡铭果 itou：JR 袋井站前有一条商业街，里面有家"故乡铭果 itou"的老店，创业于明治二十四年（1891年）。店主曾在银座高级洋果子店工作，他开发的"鸡蛋蓬蓬半熟芝士蛋糕"极有人气。鸡蛋、砂糖、小麦粉、芝士加上牛奶，再滴柠檬汁增香。使用的鸡蛋全是当地出产，一等一新鲜。生奶酪也特选澳大利亚进口的清淡种类。各类食材混合后 1 小时小火烤成，看上去和鸡蛋蓬蓬颇为相似，吃起来入口即化，十分香甜。

地址：静冈县袋井市高尾町 2-1。也有抹茶口味。可网购。

坂本龙马与军鸡锅

坂本竜馬としゃも鍋

人物小传：坂本龙马

　　幕末志士、土佐藩士。曾在千叶周作的道场学艺，后脱藩周游，拜幕臣胜海舟为师。头脑敏捷、能言善辩，比起武士更像商人，成功说服萨摩与长州两大强藩组成同盟。他反对武力倒幕，主张温和改良，提出"船中八策"的改革方案，幕府将军德川庆喜据此实施了"大政奉还"。后于京都被暗杀，凶手至今不明。

　　庆应三年（1867年）的冬天格外冷，进了旧历11月，京都天寒地冻，滴水成冰。11月15日是土佐（现高知县）志士坂本龙马的生日，不巧他早起有些怕冷，似乎染了风寒。他忙在西洋棉衣上罩了件和式棉外褂，来到"近江屋"二楼烤火，那里有个小火盆。

　　傍晚时分，好友中冈慎太郎与冈本健三郎来访，三人围着火盆闲话，转眼天色已晚。冈本健三郎有事告辞，中冈慎太郎留下来，准备和龙马一同吃晚饭。

两人是好友，也是土佐同乡，晚来天寒，都想起了故乡美食"军鸡锅"。军鸡就是斗鸡，江户时代的土佐人喜爱斗鸡，常举行比赛。参赛的军鸡久经沙场，肉质紧实，被淘汰后饭馆购来做菜，是不错的食材。不过，纯种军鸡有限，有人将军鸡与土佐九斤鸡杂交，培育出新一代土鸡。肉质劲道，脂肪少，吃起来比纯种军鸡还好些。

外面寒风呼啸，正是吃土锅的好天气。京都也有鸡肉锅，京都水炊正是将鸡肉入锅慢煮，加香菇大葱等蔬菜，汤清肉嫩，吃的是原汁原味的鸡肉鲜香。坂本龙马是土佐人，更爱家乡风味的军鸡锅。京都爱清淡，土佐爱浓郁，单鸡肉原味还不够，得浓浓加入砂糖、酱油，还有鲣节熬出的高汤同煮。鸡肉熟了，再加蒜苗、大葱与豆腐，咕嘟咕嘟煮成酱红色，才是土佐人眼中的冬季美食。

热腾腾的军鸡锅和日本酒是绝配，鲜香滋味配微辣的酒，边吃边喝，酣畅淋漓。吃完出一身大汗，再严重的风寒也不治而愈。

想到这里，坂本龙马招来了隔壁书店的小厮峰吉，嘱咐他去四条小桥的肉店"鸟新"买鸡肉。谁知鸟新的肉已售罄，峰吉只好去别处碰运气。等他带着鸡肉转回近江屋，刚上二楼，浓重的血腥味扑鼻而来。峰吉颤抖着点燃手烛，发现坂本龙马与中冈慎太郎倒在血泊中，头上身上刀伤纵横，至少被砍了十余刀。

坂本龙马死在遇袭当晚，中冈慎太郎只活到第二天，这突如其来的惨祸是幕末最大的悬案，刺客是谁主使？是幕府麾下的见回组？还是嫉恨龙马的萨摩人？至今仍众说纷纭。坂本龙马只

としゃも鍋

活了 32 岁，却成就了诸多大事，他一手推动了"大政奉还"的实现，也是他勾画了明治维新的蓝图。

古时日本人深深相信，人体内有无形的"虫"，它们是天帝的使者，人睡着时脱出来自由行动。它们能预知人的未来，在噩运降临前，会以托梦、幻觉的方式给人报讯，这被称为"虫的报讯"。坂本龙马体内的虫似乎没有报讯，在他 32 岁生日的晚上，染了风寒的他裹着厚棉衣坐在火盆边，兴致勃勃地等鸡肉送到。他准备煮一份香气扑鼻的军鸡锅，与身旁的同志兼好友大快朵颐。

军鸡锅原是土佐乡土美食，明治维新后，文明开化之风劲吹，日本在全面西化的道路上疾奔。在漫长的江户时代，因宗教、传统等原因，日餐较少使用肉类食材。明治政府提倡模仿西洋饮食，各种肉类的消费大大增加，军鸡锅也成了全国都吃得到的菜品。

转眼到了 2010 年，NHK 推出以坂本龙马为主人公的长篇大河剧《龙马传》，浓墨重彩地再现了龙马传奇的一生，很快掀起一股"龙马旋风"。龙马生前喜爱的吃食都被整理出来，不少料理店也推出"龙马军鸡锅"，粉丝们纷纷来试吃，也算一种特殊的凭吊。

"军鸡锅"写作"しゃも鍋"，与日文的"鶏"（ニワトリ）无任何关联。军鸡为何叫"しゃも"，其实有历史原因。在江户时代，土佐人以斗鸡为乐，专门从暹罗国（现泰国）进口一批性子凶猛的公鸡。しゃも是暹罗的日文发音，为图简便，这些鸡也叫しゃも了。它们与土佐九斤鸡繁衍后代，阴差阳错产出最适合食用的土佐土鸡。也许为听着威武些，土佐土鸡做的锅依然叫军鸡锅，雄赳赳气昂昂，颇有男人味。

立了冬，天气一日日冷起来，又到了吃土锅的好时候，军鸡锅是不错的选择。买来土鸡取腿肉，剁成小段备用。土锅里倒酱油、鲣鱼粉末和砂糖，混合后加热，等汤底冒出密密气泡，再将鸡肉放进去小火煮。等汤汁越来越浓，依喜好放入海鲜菇、胡萝卜和白菜，一应食材煮软后蘸生鸡蛋食用。若是坂本龙马的粉丝，也可仿照龙马口味，只加豆腐、大葱和蒜苗同煮。等土锅冒出蓬勃白气，再拿出龙马最爱的土佐酒"司牡丹"，细细体验100多年前龙马的日常生活。

军鸡锅滋味浓厚，适合豪放吃法，一阵风卷残云，土锅和酒瓶很快见底。酒足饭饱后，我们也突发奇想：如果那日龙马没有染风寒，就不会去近江屋二楼，刺客也许找不到他；如果龙马出门吃军鸡锅，也许会躲过一劫……可历史没有如果，坂本龙马并不知他会死在32岁生日那晚，他等的鸡肉死后才送来。

店铺推介

玉ひ：高知县虽是坂本龙马的故乡，军鸡锅早成为全国性美食，在东京也有不少店铺。东京都中央区有家名叫"玉ひ"的军鸡锅老店，历史可追溯到江户时代，值得一试。

地址：东京都中央区日本桥人形町 1-17-10。

鸟弥三：京都是幕末风暴的中心，坂本龙马也是志士，时常在京都驻留。他常去石垣通四条下的一家料理店"鸟弥三"吃鸡肉水炊。一般水炊讲究汤汁澄净，该店用的汤汁是鸡架小火熬煮三日煮出的白汤，风味浓郁。这家历史 200 多年的老店至今仍在营业。

地址：京都府京都市下京区西石垣通四条下齐藤町136。

明治时代

1868 年—1912 年

1868 年，将军大人的居城江户城开城，江户幕府成为历史，明治时代开始了。明治时代的关键词是"文明开化"，在当时的政治家看来，西方的月亮格外圆，不光技术、思想，连衣食住行都要向西洋学习。上流社会的人们早早穿上洋装，男性留起短发，女性盘起西洋风发髻，满嘴的黑牙也变成白牙。庶民们仍然穿和服，毕竟洋装价格不便宜。上流社会吃西餐，男男女女拿起刀叉切牛排，握着调羹喝奶油汤，一不小心刀子划到嘴巴，热汤烫到舌头，依然无怨无悔，权当文明开化的代价。庶民们吃不起牛排，只能买些碎牛肉和大葱一起煮，加上味噌、酱油和砂糖调味，称"牛锅"，它就是今天寿喜烧的原型。因为江户时代人们不吃动物肉，如今能吃牛锅，也算咸与维新。早在战国时代面包就传入日本，但爱吃米的日本人对它们兴致缺缺，到了明治时代，爱时髦的人以吃面包为时尚，有些人还开起面包店，和洋人抢起生意来。今天赫赫有名的银座木村家就是当时创业的。

明治时代文明开化风劲吹，日本发生了翻天覆地的变化。铁路越修越多，邮递网络建立起来，银座大街上的洋式建筑鳞次栉比，夜幕降临，天然气灯亮晃晃的，照得四下亮如白昼。但是，物质层面的改变容易，文化和习惯改起来难得多。哪怕穿洋装吃西餐，骨子里的日本人气质依然难以根除，不信？英文专业的夏目漱石也爱俳句，留了洋的森鸥外也乖乖接受了包办婚姻！

山冈铁舟与红豆包

山岡鉄舟とあんぱん

人物小传：山冈铁舟

刀客、政治家，土生土长的江户人，幕臣。戊辰战争之际，受胜海舟委托赴新政府军大营，与西乡隆盛面谈，为后来的江户无血开城打下基础。明治维新后担任过静冈县权大参事、茨城县参事，还做过明治天皇的侍从。他人品端方，深受天皇喜爱。

谁不喜欢红豆包？轻轻掰开松软外皮，露出结实的红豆馅，甜香直钻进鼻孔。走遍全日本，只要有面包店，一定有红豆包卖。漫画家空知英秋多次在《银魂》里提到红豆包，还安排角色连吃一个月，吃到神志恍惚。其实，对红豆包爱好者来说，连吃一个月非但不是苦差，反而是美事吧。

自从稻米从大陆传来，日本人一直以米为主粮，对面食不算热衷。天文十二年（1543 年）葡萄牙商船到达种子岛，带来火枪，也带来面包。之后一波波传教士来传教，宗教仪式常用面包和葡萄酒，并把它们分发给当地居民。他们带着好奇一尝，认为只是没馅的馒头，不算美味。

江户幕府实施锁国令，只开放长崎一处，国内风气日渐封闭。长崎和洋杂居，也保留了几家面包店，专供来日本经商的荷兰商人。正德三年（1713 年）出版的百科辞典《和汉三才图会》写道："波牟（面包的音译）是蒸饼，等同于无馅馒头。一个为荷兰人一食份。"

明治维新后，西洋人纷纷涌入日本，面包店多了起来，只是日本人较少光顾。明治六年（1873 年）还有人画画讽刺拿面包做主食的：面包不像米饭，吃了很快会饿，心里怎么踏实呢？名僧人佐田介石也写了本《傻瓜等级排行》，用相扑的等级为各类傻瓜排名，"大关"就是"不吃米谷偏吃面包的日本人"。可见在时人心中，面包仍是不加馅的馒头，不是正经吃食。

明治初期是朝气蓬勃的时候，也是迷茫痛苦的时候。延续了 260 余年的江户幕府轰然倒塌，近 200 万武士失去了赖以生存的基础。武士讲究勇武，整日练刀强身，没什么生存技能。不少人在新时代茫然若失，原常陆国（现茨城县）下级武士木村安兵卫也是其中一人。他的亲戚在东京府授产所做所长，面向武士教授各类谋生技能。在亲戚帮助下，他在授产所谋了职，不久与长崎来的厨师梅吉相识，动了开面包店的念头。

木村安兵卫辞了工作，带着梅吉在芝日阴町（现东京都新桥）开了家名为"文英堂"的面包店。时值明治二年（1869 年），面包店几乎由西洋人垄断，横滨有家日本人开的"富田屋"，也主要面向西洋客人。名不见经传的文英堂生意惨淡，木村安兵卫

あんぱん

心急如焚。他闻着面包香气，想起从前爱吃的点心"酒馒头"，松软外皮包着结结实实的小豆馅，又软又甜。他也动了心思：如果模仿酒馒头做面包，一定会引来许多客人。

馒头是原产中国的舶来品，酒馒头是用米曲发酵的带馅馒头，据说是镰仓时代的禅僧圣一国师从中国带回。仁治二年（1241年），圣一国师在博多小住，将馒头制法教给茶屋店主栗波吉右卫门，做出了日本最初的酒馒头。小麦粉发酵，中间填上豆馅，蒸出的酒馒头软而香，虽不够精致，几百年来深受百姓喜爱。见自家店门可罗雀，木村安卫兵决意放手一搏：洋人把面包当做主食，日本人爱米饭。不如彻底改变观念，仿照酒馒头做面包，不当主食，只做闲暇时吃的点心，也许有市场。

明治二年（1869年）年末，日比谷起了大火，木村安兵卫的文英堂也被烧成灰烬，他趁机与梅吉分道扬镳。翌年，他在尾张町（现东京都银座）重新开了家面包店，店名"木村屋"。他没有请厨师，决心自己做面包。

只有发酵充分，面包才松软可口。木村安兵卫开始不懂其中毛窍，只能与儿子英三郎和仪四郎一起摸索。他们用上好白米加水发酵，得到酒曲发面，再入炉烘烤。反复试验上百次，终于做出不输西洋高档货的蓬松面包。木村安兵卫还在面包里塞满豆馅，咬一口既有麦香又有豆馅的甘甜。他想推出新产品，又有些缺乏自信，左思右想请好友山冈铁舟品尝。山冈铁舟不是寻常人物，当时是明治天皇的随身侍从，为人端方，最得安兵卫信任。

山冈铁舟的一生颇为传奇。他是一心向武的幕末刀术高手，却阴差阳错在历史转折点扮演了重要角色。庆应四年（1868年）

年初，"鸟羽伏见之战"爆发，幕府军与萨长为主的政府军全面冲突，政府军获胜，之后一路东进，直指江户。15代将军德川庆喜入宽永寺蛰居思过，为免江户毁于战火，重臣胜海舟决意实施"江户无血开城"计划。

政府军挥师猛进，转眼接近骏府，离江户已不远。事不宜迟，胜海舟派山冈铁舟中途阻拦，向政府军传达将军决意恭顺的消息。山冈铁舟赶往骏府，求见萨摩藩士、政府军参谋西乡隆盛。西乡最爱有英雄气概的男子，见他从容镇定，顿时生了好感。西乡要求幕府交出军舰等武器，还要把将军庆喜送到备前藩关押。山冈铁舟对其他无异议，唯独不接受将主君送往备前的要求——备前与德川家渊源浅，无法保证主君安全。西乡直言这是朝廷钦命，无法更改，山冈铁舟泪流满面地说："若彼此立场变换，西乡公能否将萨摩岛津公交出？君臣大义不可改，武士岂能亲手将主君送做人质？"

山冈铁舟真情流露，西乡隆盛深受感动，望着他的眼缓缓说："庆喜公的安危，由我西乡一力承担。"

英雄一诺千金，不需要千言万语，西乡话音刚落，山冈铁舟立即回江户复命。5天后，幕末两巨头西乡隆盛和胜海舟在芝高轮（现东京都港区）会面，后经几轮谈判，达成"江户无血开城"的共识。多数历史读物对两人会面大书特书，若没有山冈铁舟冒死深入敌阵，这次"世纪会见"可能不会发生，江户的历史也要重写。西乡隆盛与山冈铁舟仅有短暂会晤，但印象极深，评价他"无我无私、忠心赤胆"。

明治维新后的一天，西乡隆盛特来拜访，邀请山冈铁舟担任明治天皇的随从。原来维新虽成，御所制度大体未变，天皇仍由娇弱女官侍奉，有害无益。岩仓具视等官员曾选拔军人担任侍从，可能慑于天皇威严，军人们一入御所，大都变得畏畏缩缩。想到山冈铁舟是铮铮铁骨的好男儿，西乡隆盛特来劝他出山。

西乡隆盛苦苦相求，山冈铁舟只得答应。明治五年（1872年），山冈铁舟进入御所侍奉，纵然陪在天皇身边，他仍不改耿直个性。一天，明治天皇带了醉意，命山冈铁舟与他摔跤。君臣打闹不成体统，山冈铁舟断然拒绝，明治天皇酒后神志不清，摇摇晃晃扑过来。寻常臣下自会假装不敌，但他身形一侧，明治天皇扑了个空，一个趔趄摔倒在地。山冈铁舟俯身按住，一脸严肃地说："陛下举动失当。"不仅如此，他还滔滔不绝地列举了天皇平日许多不当举动。侍从们又惊又怒，要治他不敬之罪。好在明治天皇酒醒后并未动怒，还专门向山冈铁舟道歉，之后在言行举止上格外小心。经过了上述插曲，山冈铁舟见天皇知错能改，心中敬意越深，明治天皇觉得山冈铁舟刚正不阿，对他越发喜爱。

山冈铁舟尝了木村屋的红豆包，觉得滋味不错。他和木村安兵卫是多年好友，很想帮忙推广。他灵机一动，想出个好主意：可以请天皇品尝，天皇若说好，一定会风靡全国。他向木村安兵卫父子说了想法，父子俩又惊又喜，也有些不安，表明要再试验一段时间，力争让红豆包风味更美。

明治八年（1875年）4月4日，明治天皇去东京的赏樱圣地向岛巡幸，山冈铁舟早告知了木村父子。当时樱花盛开，为突出季节感，木村安兵卫特意从奈良采购盐渍的吉野山八重樱，将其装饰在红豆包上。

　　明治天皇赏了花，在原水户藩邸休息，刚出炉的红豆包恰好送到。面包呈可爱的圆形，烤成饴糖色，中间一个圆孔，塞着朵八重樱。掰开来看，薄而软的外皮包着细腻的豆馅。咬一口满口甘甜，还有淡淡酒香，不像西洋面包，倒像传统和果子。明治天皇点了点头，坐在一边的皇后十分喜爱，提出以后也要献上。山冈铁舟松了口气，脸上露出微笑，悄悄叫人去木村屋报喜。

　　喜讯传到木村屋，父子3人觉得喜从天降。当晚木村屋直到深夜才关门，瓦斯灯照得门前雪亮，路过的行人都有些惊诧，不知这家店为何营业得那么晚。后来，4月4日明治天皇初吃红豆包的日子被定为"红豆包日"，成了木村屋最好的广告。

　　有明治天皇加持，木村屋的红豆包成了驰名产品，整日门庭若市，顾客一直排到店外大街。文豪森鸥外也是忠实粉丝，但讨厌店里拥挤，又嫌店员态度不够客气，提到它总气鼓鼓的。他不时带儿女去目黑的植物园玩耍，每次都在园内一家茶屋吃果子，必点红豆包。一次，森鸥外对老板娘说："你家的红豆包味道特别好。"老板娘笑着回答："这是木村屋的产品，本店只是代卖。"森鸥外一怔，也忍不住笑出来。

　　直到今天，木村屋的红豆包地位也不一般，甚至有"提到红豆包，必是木村屋"的说法。它外表是西洋面包，制法却仿照了传统和果子，是典型的"和洋折衷"的产物。它身上有浓重的明治气质：锁国200余年的日本猛然打开大门，新鲜事物纷至沓来，当时的日本人并没有眼花缭乱。他们仔细选择，去粗取精，将外来文明与本国传统相结合，最后得出更好的东西。

店 铺 推 介

木村家： 创业近150年的银座木村家是红豆包元祖，小豆特选北海道十胜产品，采用木村屋独特煮豆法精制，做出的豆馅风味独特。红豆包里的樱花用梅醋腌渍，腌渍一年后经过人工选择，再加上盐制成，酸里带咸的滋味与甜蜜豆馅相得益彰。

总店地址： 东京都中央区银座4-5-7，东京也有许多直营店，各大商场也有柜台，羽田、成田机场也有售。

森鸥外与牛肉烩饭

森鷗外とハヤシライス

人物小传：森鸥外

小说家、军医。曾赴德国留学，专心研究卫生学，也为哈特曼倾倒，后者的美学思想成为他后来从事文学创作的理论依据。他做过陆军军医学校教官，官至陆军军医总监。他在文坛也有崇高地位，与夏目漱石并列为反自然主义两大巨匠。

知名艺人二宫和也、锦户亮等曾出演过东野圭吾同名小说改编的日剧《流星之绊》，该剧还得过大奖。剧中三兄妹生在神奈川县，父亲善做牛肉烩饭，开了家远近闻名的饭馆。一天三兄妹偷跑出去看流星，回来发现父母惨死，记载牛肉烩饭秘方的笔记本也没了踪影。之后三兄妹一直寻找凶手，克服了许多困难，最终案件水落石出。

牛肉烩饭听起来像西洋菜，其实是日本原创的"西餐"，出现于19世纪晚期，是"文明开化"的产物。1个半世纪前，江户幕府成为历史，明治政府在衣食住行各方面推行欧化。政府大力号召，可寻常人饮食依旧以蔬菜为中心，洋人爱吃的牛肉仍未赢得他们的心。

到了明治五年（1872年），文明开化终于驶上快车道。明治天皇第一次吃了牛肉，换上定做的洋装，翌年还剪去发髻，留起短发。上有所好下必甚焉，一时间西餐洋装成为潮流。著名法餐店"精养轩"也于筑地开业，初代厨师长是在法国闯出名头的瑞士籍厨师，被重金请来日本，烹饪地道西式料理。4年后，上野不忍池畔又开了家分店，也就是"上野精养轩"。

精养轩名人辈出。第4代厨师长引入法国明星主厨艾斯克菲尔的烹饪理念，第五代厨师长开设森永厨师学校，培育许多名厨。连续40年担任天皇御厨的秋山德藏也是精养轩出身。人人说东京帝国饭店的法餐首屈一指，可它于明治二十三年（1890年）开业时，曾从精养轩挖了好几名厨师过去。精养轩是日本西餐史的一座里程碑，连明治天皇学习西餐礼仪，也是精养轩创始人北村重威负责指导的。

明治、大正时代的精养轩是政界、财界和文艺界名人的聚会地。伊藤博文、岩仓具视等高官是常客；财界巨头涩泽荣一常光顾；谷崎润一郎、夏目漱石、太宰治和芥川龙之介等文豪也常来。文艺界的祝贺会、纪念会和送行会等频繁在此召开，作家岛崎藤村的50岁生日宴会在此举行，在夏目漱石的《智惠子抄》里，高村光太郎和智惠子的结婚典礼也被安排在这。

名作家、军医森鸥外一向认为"家常菜最好，除了一流饭店"，精养轩菜色精致，挑剔的森鸥外也认可了。上野精养轩外树木葱茂，又对着不忍池的一池碧水，森鸥外常带儿女光顾。他曾在作品《青年》中写道："从动物园前过，东照宫的一处鸟居内横穿，就是精养轩的后门。"连小路都知道，可见他对精养轩十分熟悉。

从照片看，森鸥外留着整齐胡须，目光锐利，比起文人，军人色彩更浓些。他生于幕末的藩医世家，自小有才名，10岁随父亲上京，进入东京大学预科学习。毕业入陆军省做军医，22岁赴德意志留学。学成归国后仍做军医，一直升到军医总监，等同中将级别，还得了从二位的品位。他闲暇时从事文学创作和翻译工作，作品却得到广泛认可，晚年还做了帝国美术院（现日本艺术院）的第一任院长。

森鸥外是军医，又在讲究严谨的德意志留过学，养成一板一眼的作派。长子森于菟在《父亲森鸥外》中说他"在家常穿军装"、"周围一尘不染、秩序井然"。他喜欢铺榻榻米的和式房间，常坐在兰草编的垫子上，用热水擦身，细心梳理胡须。妻子都说他一举一动规矩得体，像"办茶会"一样。

这样一个看似完美的成功人士，内心却有无法愈合的伤痕。他曾在第一部小说《舞姬》里痛楚地提出了"封建人"和"近代人"的区别，男主人公太田丰太郎就是典型的封建人。丰太郎去德意志留学，与金发少女爱丽丝相爱，两人同居，爱丽丝怀了身孕。但是，丰太郎经友人介绍，准备随同日本来德的大臣访俄，若与大臣相识，回日本能飞黄腾达。友人劝他以前途为重，必须与爱丽丝分手，他也点头同意。爱丽丝大受打击，得了无法治愈的精神病。丰太郎怅然返回日本，与昔日爱人永远分离。

用今人的眼光看，太田丰太郎是彻头彻尾的"渣男"，但在 100 多年前的明治初期，丰太郎内心也有特殊纠结。当时知识分子深受家国观念束缚，比起个人，家族、国家重要得多。无论多热烈的恋爱，都像丰太郎的友人所言，是不值一提的"个人私情"，不能被它左右。丰太郎是国家需要的人才，要尽快赶回去，为明治政府所用，为国家建设作出贡献。可是，和"世事洞明"的友人不一样，丰太郎认可他的说法，内心却有不可调节的矛盾。他在自由的德意志生活过，与爱丽丝的相处虽短暂，自我意识已萌发，曾想做一个掌握自己命运的"近代人"。一番思想斗争后，丰太郎最终告别德意志，试图在祖国日本重新扮演一个百分百的"封建人"。

《舞姬》虽是小说，主人公太田丰太郎和爱丽丝都有原型，丰太郎是森鸥外，爱丽丝是名叫爱丽赛的德国少女。森鸥外于明治二十一年（1888 年）9 月 8 日回到日本，4 天后一艘客船开进横滨港，爱丽赛就在船上。她是森鸥外在德国留学时的恋人，不舍得与他分离，特地追到日本。人生地不熟，爱丽赛暂住筑地精养轩，等着与森鸥外见面。满心期待的她并不知道，森鸥外的父母早决定与海军中将赤松家联姻，媒人是森家亲眷、贵族院议员西周。西周对森家有恩，与赤松中将也是老相识，曾一起赴荷兰留学。森鸥外与赤松家女儿登美子素不相识，但有了父母之命媒妁之言，他只能接受。

婚礼虽未举行，联姻已板上钉钉。森鸥外接到消息，旧日恋人来日，希望见他一面，森家顿时乱作一团。森鸥外留学归来，又要做中将女婿，前途一片光明，竟突然出现不速之客。森家父母十分焦虑，让鸥外的弟弟笃次郎和妹夫小金井良精做代理人，去精养轩与爱丽赛谈判，让她早点归国。爱丽赛不答应，只说想和森鸥外在一起，笃次郎数次去劝，收效甚微，只得请森鸥外亲自上阵。森鸥外在陆军省的好友也被请来劝说，请爱丽赛为了爱人的前途早日放弃。

一个多月后，心灰意冷的爱丽赛登上回国的客船。德意志到日本路途遥远，单程需要 40 天，她不顾路途劳顿来了，却怅然离去。森鸥外的妹妹喜美子在回想录中写："爱丽赛平静地回去了。她是没什么常识的女孩，连别人说话的真假都辨别不清。真是可怜，不知未来会怎么样呢。"在喜美子看来，爱丽赛只是哥哥飞黄腾达的绊脚石吧。连话的真假都辨不清，是暗示森鸥外曾向她许诺，要和她长相厮守吗？

当然，《舞姬》是虚构小说，和真实情况不完全一致，爱丽赛并未怀孕，更没有精神失常。森鸥外送走她，数月后与赤松登美子结婚，次年长子降生。他与登美子感情不谐，离婚后又娶新妻茂子，生下 4 名儿女。但他与爱丽赛长期保持书信来往，临死前特意让茂子把珍藏的照片和信件全部取来，在他面前烧掉。

爱丽赛走了，森鸥外依旧常去精养轩。默默吃饭时，他会不会回忆起在德意志的自由时光，忆起那个活泼的金发少女呢？

精养轩有各种美食，一道牛肉烩饭（ハヤシライス）格外有名，想必森鸥外常带儿女去吃。牛肉、洋葱和口蘑熬成红褐色酱汁，浇在米饭上，滋味浓厚，带着微微甜味，还有月桂叶的清香。牛肉烩饭听起来像西餐，却是日本厨师改良的，算和洋折衷的菜肴。森鸥外也是和洋兼有的矛盾体：举手投足都是最传统的日本人，却受过德意志式自由的洗礼，胸膛跳动着一颗欲叛逆而不得的心。对儿女，他从未提过爱丽丝，哪怕只言片语；他记录留学生活的《独逸日记》也无一字提到她。可儿女都知道，父亲心里有个人，虽同她远隔重洋，父亲没一天忘记她。

牛肉烩饭是明治维新后出现的吃食。著名书店"丸善"的创始人名叫早矢仕有的，是横滨西洋医院的医生，闲暇时间开了家名叫"丸屋善八"的书店。当时明治政府初成，大众尚未接受西洋文明，菜肴仍以蔬食为主，儿童营养不足，皮肤病多发。早矢仕医生劝家长将牛肉片与蔬菜一起熬煮，煮得软烂与米饭同食，有助于病症减轻。早矢仕医生在英国人的医院就职，是地道的西医，家长们对他言听计从，很快这道菜在横滨传开。它营养丰富，有辅助治疗作用，做起来容易，味道也好。不少人十分喜爱，将它称为"早矢仕医生饭"。后来这饭传到东京，各店试着制作，也赢得了东京人的心，其中上野精养轩做得最精致，很快成为招牌菜之一。

进入明治晚期，人们只知牛肉烩饭念作ハヤシライス，ライス是英文单词 rice 的音译，ハヤシ的来历大多数人懵然不知。ハヤシ是早矢仕医生姓氏的读音，人人喜爱的牛肉饭原是医生研制出的营养餐。

如今上野精养轩还在，牛肉烩饭依然是招牌菜。在阳光和煦的秋日，坐在精养轩的玻璃窗前，看鸟儿在窗外绿树上自由来去，不时啼叫一声，似乎有说不出的闲适自在。点上一份牛肉烩饭，边吃边欣赏美景，仿佛能体会到森鸥外的无奈心情。在德意志的数年是他人生最自由的时候，可他注定是笼中鸟，虽在蓝天翱翔过，终究要回到鸟笼。爱丽赛是习惯了自由的鸟，他虽然爱她，却没资格拥有她，只能眼睁睁看她离去，回到属于她的广阔天空。

店｜铺｜推｜介

精养轩：和一般洋食店比起来，一份 1360 日元的牛肉烩饭套餐确实有点贵，不过上野精养轩的牛肉烩饭全国知名，来上野的人往往会慕名吃上一份。饭上浇有浓厚的酱汁，入口有浓香，咽下又觉得清爽，一点不会腻。搭配的沙拉也新鲜爽脆，不愧是有 140 多年历史的洋食老店。

地址：东京都台东区上野公园内。

夏目漱石与羊羹
夏目漱石と羊羹

人物小传：夏目漱石

本名夏目金之助，笔名漱石，知名作家。他对东西方文化均有很高造诣，既是英文学者，又擅长俳句、汉诗和书法。他的作品对个人心理的描写细致入微，栩栩如生地勾勒出近代人的孤独和自我。

日本有不少围棋爱好者，也有各类比赛，若棋手实力相当，比赛往往拉得很长，棋手不时摸出甜食，心不在焉地吃几口。紧张比赛里大口吃零食，看着有些滑稽，他们不是嘴馋，是要快速补充精力。下围棋最烧脑，筋疲力尽的时候，没什么比甜食更振奋精神了。

和围棋一样，写作也是熬人的脑力活动，明治大正时代的文豪人人爱甜食。不过爱也有多少的区别，夏目漱石是第一等的甜食爱好者。他胃病疗养中吃冰淇淋，差点丧命；得了糖尿病也闹着吃羊羹，羊羹甜度极高，等于凝固了的砂糖；外出散步时怀里也装着糖花生，不时拈出一颗吃……总之，夏目漱石与甜食的故事不胜枚举，他爱甜食爱到骨子里，宁可不要命，也要吃尽了。

夏目漱石生于明治维新前夜的江户，母亲已 42 岁。考虑到当时平均寿命，母亲算不折不扣的"高龄产妇"。夏目家原是大家，可惜祖父挥霍，到了父亲一代只能勉强过活。屋漏偏逢连夜雨，家里子女众多，等夏目漱石降生，共有 6 个孩子嗷嗷待哺。父母只好把幼小的他送到别家养活，等他恢复夏目姓氏，已是 21 岁了。

虽没有父母爱护，夏目漱石却是勤奋好学的孩子。他 17 岁进入大学预备校，门门成绩都优秀，后于明治二十三年（1890 年）进入东京帝国大学英文学科（现东京大学文学部）学习，3 年后入大学院继续学习。明治时代洋风劲吹，能说流利的英文等于挖到摇钱树。他没毕业就被东京专门学校（现早稻田大学）聘请为英文讲师，后被东京高等学校聘请，月薪 37 元 50 钱。当时一般教师月薪是 15 元，夏目漱石尚未毕业就拿高薪，是难得的外语人才。

夏目漱石毕业后做了英文教师，工作数年月薪涨到 100 元。他手头宽裕，也成了家，过着近乎奢侈的生活：晚餐除了主菜，还有三两小菜，之后是汤。隔一日就得吃鱼肉荤菜，还特别爱吃寿喜烧。这在今人看起来不算什么，100 多年前平民大都一菜一汤，鱼肉荤腥更难得一尝。

夏目漱石安安稳稳过着日子，谁知在 33 岁那年，人生出现巨大转折——他被文部省挑中，去英国伦敦"研究英文"。他初到异国处处不惯，反而激发出蓬勃的学习热情。他大量阅读，思考"到底什么是文学"，几乎与旁人断了交往。回国前他患上严

羊羹

重的神经衰弱，文部省官员愁眉不展，以为他一定是疯了。

夏目漱石没有疯，回国还做了东京帝国大学（现东京大学）讲师。他与一些文艺界人士来往，一时兴起写了名为《我是猫》的小说，从此一发不可收拾。他最终辞了教师工作，转到朝日新闻社做专职作家。

明治大正不少作家爱写吃食，夏目漱石也不例外。他写过银座和果子老铺的空也饼、东日暮里的羽二重团子、上野的栗馒头和本乡"一炉庵"的最中，但写得最认真仔细的还数羊羹。在明治三十九年（1906年）的小说《草枕》中，他借一位厌世的青年油画家之口热情洋溢地描述了羊羹之美：

"果子我最爱羊羹。就算不想吃，那光滑细腻的质地，半透明的模样，怎么看都是一件美术品。尤其是带点蓝的羊羹，像玉与青田石混在一起，看着心情愉悦。不仅如此，蓝羊羹盛在青瓷碟里，别有一种明艳光泽，像从青瓷碟生出来一般，教人忍不住想伸手抚摸。"

作家果然是作家，丝毫不提味道，光外表就写了许多。书中主人公也长篇大论数落西洋果子的不足：奶油颜色柔和，比起羊羹太过沉重；果冻像宝石般剔透，颤巍巍的，没有羊羹的分量感……看到这里我们再次肯定：夏目漱石虽是受过欧风美雨洗礼的英文教师，对和果子羊羹的爱浓烈而赤诚。

和果子被称为"五感的艺术"，所谓五感是视觉、听觉、嗅觉、味觉和触觉。其他暂且不提，和果子的确像艺术品，看着欢喜赞叹，甚至不舍得下口。羊羹形状固定，颜色多朴素，乍一看并不突出，细细欣赏却有内敛的美。它被认定为视觉和味觉高度调和的果子，是和果子代表作之一。

羊羹这名字细想有些古怪，它也是中国来的舶来品。在古中国，"羹"为"加入菜肉的热汤"之意，"羊羹"指"羊肉制成的带汤食物"。镰仓时代去中国的日本禅僧将它作为"点心"的一种带回。羊羹味美，可惜禅僧不吃荤，便将小豆、葛粉等食材凝固呈块状，放入汤中煮，发明出与羊羹外形相仿的吃食。室町时代茶道开始流行，为更好地品茶香，饮茶时食用果子成为普遍做法。带汤汁的羊羹食用不便，人们改将小豆与葛粉混合，加甘葛煎调味，再入锅急蒸，羊羹从此改了模样。《言继卿记》等室町晚期的文献常出现"羊羹一包""羊羹一笼"的字眼，可见当时羊羹已固体化。

直到江户前期，羊羹都是蒸制的，又称"蒸羊羹"。小豆加甜味料煮熟过滤，细细调入小麦粉，入容器急蒸使其凝固，冷却脱模得到蒸羊羹。因制作工艺简单，果子匠们都在外观上猛下功夫。丰臣秀吉曾于醍醐寺三宝院举办盛大的"醍醐花见"，席上摆满天南地北的名果子。宾客对其他果子不在意，只专心欣赏果子铺"鹤屋"做的"伏见羊羹"，色泽鲜红，质地晶莹，活像红彤彤的玛瑙石。羊羹常见，但做得如此美丽，宾客都啧啧称赞，丰臣秀吉得意非常。他倾心茶道，茶会需用果子佐茶，他早发现鹤屋在制果上别有匠心。果子匠不负众望，在醍醐花见时献上出色泽喜庆的羊羹，与花见的华美氛围相得益彰。

蒸羊羹本是传统，江户前期有人偶然发现琼脂，羊羹制法发生变化。贞享二年（1685年），第2代萨摩藩主岛津光久去江户参勤，路过山城国纪伊郡，暂住旅馆"美浓屋"。店主美浓太郎左卫门盛宴招待，岛津光久只略尝一二。店主处理剩菜，有一味煮海藻无人吃，只得顺手倒了。冬夜寒冷，海藻被冻得硬邦邦的，等太阳升起，它又溶解了，里面有丝丝缕缕的白色物。美浓太郎左卫门取来研究，从此发现了琼脂。他用琼脂做素斋，请万福寺的隐元禅师试吃，吃起来毫无腥气，是很好的食材。隐元禅师问是何物，美浓太郎左卫门说暂未起名，禅师以"寒空""冬日天空"之意起了"寒天"之名。有了它，羊羹的制作工艺发生巨大改变。果子匠只需取琼脂加水煮化，调入砂糖和小豆泥，耐心用木勺搅动，再倒入模具即可。这种羊羹晶莹剔透，比传统蒸羊羹美许多，它被称为"练羊羹"，一问世就大受欢迎。

江户中期砂糖实现国产化，价格稍便宜了些，依然算奢侈品，时人对砂糖的痴迷令人咋舌。练羊羹含大量砂糖，价格自然高。据记录江户时代生活风俗的《守贞谩稿》载，练羊羹价格是蒸羊羹的两倍，人们仍趋之若鹜。江户晚期的果子老铺"船桥屋"店主写过本《果子话船桥》，提到曾一日卖出800多块练羊羹，可见人气之高。

明治维新后，羊羹魅力依然不减，它是人人爱的美食，有名果子店的羊羹更被视作高级礼物。据说有个不成文的规矩：未来女婿第一次上门，最好买和果子老铺"虎屋"的羊羹做礼物，保证丈母娘眉开眼笑。没想到羊羹还有这等妙用，不过想想也是：羊羹大多是方正的长方形，不正像敲门砖吗？

到了夏目漱石的时代，练羊羹早成主流。他最爱羊羹，东京各店羊羹早吃了个遍。他曾在《文士的生活》中一本正经地写"有果子就会吃，但没馋到特意去买的程度"，这完全是谎话。

他喜欢本乡三丁目和果子老铺"藤村"的羊羹，家中橱柜常备。藤村果子铺是江户时代创业的名店，羊羹和田舍馒头等十分出名，他常常光顾，还忍不住写进了《我是猫》里：

"那天，迷亭先生从后门飘然而至。'啊，稀客！我这样的常客，苦沙弥总慢待，不像话！看来苦沙弥家只能十年来一次。这果子倒比往日高档得多。'迷亭一边说，一边大口吃着主人刚从藤村果子铺买来的羊羹。"

羊羹一般切片放在碟里待客，它味道极甜，一般用吃果子专用的杨枝分切小口品尝。迷亭大口吃羊羹，可见对它多喜爱，主人公苦沙弥也情不自禁地把手伸向羊羹，一起大吃起来。

夏目漱石的甜食癖十分惊人，他一个月能吃 8 罐草莓酱，不抹面包，空口吃就行。他暴饮暴食得了胃溃疡，去修善寺疗养，偏又想吃冰淇淋，托妹夫把家里的冰淇淋制造机送来。当时冰淇淋是昂贵吃食，他不但常吃，还买机器，可见多任性。疗养中胃病再发，又被送往医院，出了院依然故我。一次他强忍胃痛参加弟子的婚礼，桌上摆着裹了糖粉的花生米，又不知不觉吃了许多，导致溃疡加重。妻子镜子开始控制饮食，把甜食藏起来，让他怎么也找不见。

夏目漱石知道家里有羊羹，挖地三尺也找不到。他颇有耐心地翻了一次又一次橱柜，小女儿看不过眼，悄悄告诉他羊羹藏在何处。他顿时心情大好，狠狠表扬了女儿，接着大吃起来。

爱甜食如命的人偏偏得了糖尿病和胃溃疡，夏目漱石的后半生一直在与食欲搏斗，也多次败下阵来。大正五年（1916 年）12 月，夏目漱石胃溃疡恶化，陷入昏迷。弟子和亲人在一边守着，他突然睁开眼，喃喃地说："想吃点什么啊……"众人明白他想吃甜食，弥留时哪还能吃？咨询了医生后，妻子喂了他一匙葡萄酒，他品了品滋味，心满意足地说："好喝……"不久后永远闭上了眼睛。

一个大文豪的临终遗言竟然是"想吃点什么……"，似乎有些出人意料。但夏目漱石不仅是文豪，更是一等一的甜食爱好者，想到这一点，我们顿时释然了。

店铺推介

总本家骏河屋："总本家骏河屋"被称为"练羊羹"元祖，坚守百年工艺，做最高质量的羊羹。该店还有"古法伏见羊羹"，采用丹波系寒天、阿波和三盆糖和备中白小豆，力图还原得到丰臣秀吉赞赏的传统羊羹。

总店地址：和歌山县和歌山市骏河町 12-1。

虎屋：果子老铺"虎屋"的羊羹是日本无人不知的高级和果子，味道虽甜腻，外观美丽绝伦，称得上艺术品。其中"夜梅"类是送礼佳品。紫褐色的羊羹嵌着粒粒小豆，像是白梅在夜晚静静开放。

总店地址：东京都港区赤坂 4 丁目 9-22。各大商场、机场均有虎屋店铺，也可在网上购买。

樋口一叶与汁粉

樋口一葉とおしるこ

人物小传：樋口一叶

明治时代作家，被誉为"女流作家第一人"。初从中岛歌子学和歌，后拜半井桃水为师学写小说，以写实手法表现民众生活，尤其擅写女性的悲欢。后因肺结核过世，年仅24岁。2004年，为纪念她的功绩，她的照片被印在5000日元的钞票上。

连歌师绍巴曾在400多年前咏道："绵雪落于道，似汁粉模样。"绵雪又叫"牡丹雪"，水分多，沉甸甸的，不像一般雪花轻盈。汁粉是"馅汁粉子饼"的简称，馅汁是小豆馅加水煮的汤，粉子饼是米粉团成的年糕或团子。馅汁粉子饼拗口，图方便的人们称汁粉。试想雪花大朵飘落，积在泥土地上，确实有些像浮在小豆汤中的年糕。绍巴是战国时代有名的歌人，与公卿贵人多有唱和，歌中提吃食不算上品，他偏要提，可见汁粉相当美味。

小豆原产中国，公元3世纪漂洋过海来到日本。日本人见它们颗粒饱满，色泽鲜红，以为能驱魔息灾，也大量种植起来。平安时代的公卿最迷信，常用它煮汤，或加盐制成盐小豆。等人们开始用甘葛做甜味料，甜蜜软糯的煮小豆也成贵人新宠。

到了室町时代，日本与中国、琉球贸易往来频繁，砂糖源源不断输入，甘葛逐渐被遗忘。小豆煮成馅，加砂糖调味，再搭配年糕成为常见吃法。著名学者一条兼良曾在《尺素往来》提到，新年伊始时，为祛邪招福，人们常食用小豆与年糕。小豆馅加水煮汤，放入年糕，就是一碗热乎乎的"汁粉"。

到了江户中期，8代将军德川吉宗实现砂糖国产化，甜蜜蜜的汁粉飞入寻常百姓家。据记述明和年间（1764~1772）故事的《明和志》记载，卖汁粉的小吃摊增多，一碗汁粉约16文，与荞麦面相同。江户晚期的风俗志《守贞谩稿》还记录了汁粉的种类和汁粉摊的模样：首先汤汁有区别，带皮小豆做成"田舍汁粉"，田舍是乡村的意思，形容不够精致；去皮小豆质地细腻，吃着口感顺滑，叫"御膳汁粉"。汤里可加糯米团子，也可以加年糕。流动汁粉摊较多，小贩用扁担挑着两只箱子，挂着标志性的红灯笼，远远一看就知卖汁粉的来了。

明治政府建立后推行洋化，不少传统吃食消亡，但汁粉依然受欢迎。不光有走街串巷的汁粉摊，汁粉店也雨后春笋般开张，甚至出了顺口溜，说明治三大流行为"寿喜烧店""西餐店"和"汁粉屋"。这不难理解，日本人自古以米为生，对糯米的爱恋深厚持久，糯米加糖再加香喷喷的小豆馅，谁能抵挡诱惑？当时汁粉名店辈出，100多年后的今天还有余韵，东京银座的"若松"和浅草的"梅园"都曾是专门的汁粉屋，感兴趣的朋友可以去体验百年前的甜食滋味。

有人说冬天最适合吃汁粉。寒风凛冽的严冬，在外冻得手脚麻木，回到暖烘烘的房间，捧一碗热腾腾的汁粉，从里到外立刻暖起来。120多年前的明治二十四年（1891年）冬天，女作家樋口一叶在一名男子家吃了碗汁粉，那甜蜜滋味她一生都没忘记。

樋口一叶听起来陌生，印在5000日元纸币上的清秀女子就是她。日元纸币换了许多版，印在上面的大都是男性，直到2004年，樋口一叶的肖像被印在纸币正面——瘦削的年轻女子，眉梢嘴角隐约带着哀愁。樋口一叶是有才气的女孩，可惜父亲早亡，家道中落，不得不挑起养家糊口的重担。她写小说谋生，很快在文坛崭露头角，得到森鸥外等文豪的赞赏。可惜她不幸染上肺结核，24岁病亡，创作活动只持续了14个月。

在男尊女卑的明治时代，女性的天空是低的，女作家的人生大都坎坷，樋口一叶的遭遇更令人同情。她生于普通士族家庭，原名樋口奈津，小学毕业后，保守的母亲再不让她上学。父亲觉得可惜，将她送入著名歌人中岛歌子主办的"荻之舍"学习和歌。荻之舍有上千学生，大都是华族豪商女儿，樋口一叶的家境实在平常，好在她才华横溢，凭成绩有了一席之地。父亲病逝后家庭陷入贫困，她住进荻之舍兼做女佣，仍保持优异的成绩。

笔名三宅花圃的女作家田边龙子曾在书里回忆初见樋口一叶的场景：一次荻之舍的月例会，田边龙子与友人房中闲坐，女佣送上寿司，小心地摆放在盘里。龙子与友人说笑，无意间提到苏轼《赤壁赋》里的"清风徐来，水波不兴"，女佣随口念"举酒属客，诵明月之诗，歌窈窕之章"。龙子见她擅自插嘴，心中不快，中岛歌子介绍她也是学生，还让龙子多加关照。后来田边龙子才发现，女佣吟得好和歌，文章也写得精彩。后来龙子和她合称荻之舍"两才媛"。

田边龙子是大家出身，不用为金钱烦恼，樋口一叶不同。明治二十二年（1889年），她决定写小说换钱，独自摸索不得要领，友人给她介绍了在《朝日新闻》文艺部工作的半井桃水。半井比她大11岁，是小有名气的大众作家。她决定拜他为师，鼓起勇气拜访，没想到一见倾心。

在日记里，樋口一叶把半井桃水描述为肤色白皙、笑容亲切的温柔男子。确实，初见樋口一叶时半井已33岁，在社会摸爬滚打十余年，待人接物自然得体；从照片看，他五官端正，一副好青年模样。樋口只是20出头的单纯女子，对他产生好感不奇怪。一周后樋口一叶再次拜访，回家后在日记里感叹："有些人初见极好，再见平常了许多。再见先生（指半井），比上次又亲近了些。这样的人太少见了。"半井桃水知道她家计艰难，特意交代她有什么困难直接说，千万不用客气。对要养家糊口的樋口一叶来说，听到这样温柔的话，怎会不感动呢？

自从与半井桃水相识，樋口一叶常去拜访。一个滴水成冰的冬日，天空飘着密密的雪珠儿，樋口一叶撑伞来到半井家，发现他还在内室睡着。原来前夜有事回来晚了，还在补眠。樋口一叶不愿吵醒他，在冷飕飕的玄关等了近两个小时。半井桃水迷迷糊糊地起来，发现她在玄关等着，顿时不好意思起来，连说她实在见外，为何不早点叫醒他？樋口一叶笑着不说话。

师徒俩围着火钵聊了聊文学，又说了办文学杂志的事，眼

看到了中午。半井桃水有过妻子，不幸早亡，当时一人住。他从
邻居家借了锅，笑着说可惜下雪，不然就买些食材，做些好吃的
款待。樋口一叶连声推辞，起身要回去，他摇手请她稍等。她坐
回火钵边，看他将年糕架在铁丝网上烘，又把豆馅加水煮成小豆
汤。年糕受了火，变得蓬松起来，他用筷子夹起放进汤里，关东
风味的汁粉做好了。

　　半井桃水找出个小盆盛满，又把自己的筷子递给她，笑着
说家里只有简陋餐具，请她一切将就。樋口一叶把这一幕写入日
记，半井桃水的动作、神情一点都没漏掉。她没写心情如何，我
们猜得出她的欢悦。自从成年，她一直被贫困所苦，可以说没有
一天舒心。那个寒冷的冬日，她喜欢的男子亲手做汁粉给她。那
碗汁粉吃在嘴里有多甜蜜？我们可以想象得出。

　　樋口一叶活得辛苦，淡淡的恋情像照亮黑夜的一道烛光，
可惜很快被狂风吹灭。当时社会风气保守，半井桃水和她都是独
身，两人频频见面，很快谣言传到荻之舍。樋口一叶心中痛楚，
决定再不与半井见面，两人用书信沟通。她在日记里凄苦地写：
回想过去，发现每次去先生宅天气总不好，不是雨就是雪，从没
阳光灿烂的时候。这是不是预兆呢？预示着她与他不会有好结
果？思来想去，又想起先生在雪天做汁粉的样子，她愁肠百结，
也只能强忍痛苦。

　　樋口一叶开始努力写作，但始终忘不了半井桃水。她曾给
他写信，说如果先生有话要说，自家后门小巷背静，极少有人往
来。若在那里相见，不会有人看见。这话古怪，其实樋口一叶在
暗示向她求婚吧。两人彼此有意，独处时半井一定说过不少甜言

蜜语。半井比她大许多，也是风流人，如何不懂她的意思？可半井也有许多现实的考量：娶了她，就要负担起她全家的生活。他不是不喜欢她，但不愿做出如此大的牺牲，于是樋口一叶的恋情注定是悲剧了。

此后两人偶尔见面，但不复以往亲密。樋口一叶仍没能剪断恋情，每次见面都激动不已。明治二十九年（1896 年）5 月 25 日，半井桃水突然来访，神情凝重，似乎有许多要说的话。最终只淡淡说了两句，便与她挥手道别。大约 6 个月后，樋口一叶肺结核恶化，死在 11 月 23 日。那日天气异常寒冷，不知她临终前是否想起五年前那碗热腾腾的汁粉呢？

店铺推介

　　梅园：浅草"梅园"是创业于安政元年（1854 年）甜品老店，迄今已有 160 多年历史。店内有各类传统和果子，也有招牌的御膳汁粉与田舍汁粉。在寒冷的冬日，吃上一碗香甜的汁粉，整个人从里到外都暖起来了。

　　地址：东京都台东区浅草 1-31-12。

　　若松：银座"若松"是老牌汁粉屋，建于明治二十七年（1894 年）。今日仍坚持提供传统风味的汁粉，食材讲究。小豆为北海道十胜产，豆馅短时间煮成。

甜味虽重，吃起来绝不会腻，反而有清爽口感。若松
汁粉价格稍贵，一份1080日元，搭配腌渍的紫苏花穗
食用。花穗有芬芳香气，又有淡淡盐味，让甘甜的汁
粉更有风味。

　　地址：东京都中央区银座5-8-20。

芥川龙之介与葛饼
芥川龍之介とくず餅

人物小传：芥川龙之介

日本近代知名作家。幼年被舅舅家收养，改姓芥川。舅舅家具有浓厚的传统文化艺术氛围，他备受熏陶。青年时代开始写作，受到夏目漱石的肯定与好评，后一鼓作气撰写了系列才华横溢的短篇小说。他的写作之路一帆风顺，却因"对未来抱有朦胧的不安"服毒自尽。

"他为何出生？来到这充满苦难的世界。"

"生活本身比地狱更像地狱。"

"神的所有属性里，最让人同情的是他们不能自杀。"

这些是名作家芥川龙之介作品里的句子，充满了浓浓的厌世感。不光只言片语，他的作品大都反映了人类复杂的心理，整体色调暗沉绝望。他是东京大学的高材生，师从文坛领袖夏目漱石，大学没毕业就扬名立万，被称为"文坛宠儿"。可他深信人生满是苦难，活着是受苦，死去才是解脱。他最终走上了服安眠药自杀的路，死在一个阴雨绵绵的燥热夏日，终年 35 岁。

芥川龙之介不信任他人，也不信任自己，始终受着不安情绪的煎熬。他在遗书提到，自杀原因是"对未来的朦胧不安"。在我等看来，芥川龙之介少年成名，"朦胧不安"实在无从谈起。不过，若对他的生世稍有了解，我们多少能明白他的选择——自小没得过父母关爱的他，就算长大成人，内心依然是虚弱无助的孩子。

芥川龙之介生于东京，父亲靠贩卖牛奶养家，他是家中长子，本姓新原。出生 7 个月后母亲精神失常，他被交给舅母抚养，母亲病逝后，他正式被舅舅家收养，改姓芥川。

芥川龙之介晚年在《点鬼簿》回忆："我母亲是个疯子。我从未从她那感受到母亲特有的温情……她脸盘很小，个子也不大，那脸不知为何是毫无生气的灰色。"

"我从未得到过母亲的照顾。记得有一次，我跟养母特地上二楼给她请安，却冷不防被她用长烟袋敲了脑袋。"

有一个疯母亲，从未得到过爱，芥川龙之介从小长在古怪的家庭氛围里，虽有养母抚育，仍无法取代母亲给他安全感。于是，"对未来的朦胧不安"始终缠绕着芥川龙之介，长大后的他用笔倾诉悲伤。他写出一部部阴郁的作品，内心的创伤却始终未能治愈。

有人说甜食能缓解人内心的空虚与伤痛，芥川龙之介确实是甜食爱好者。他曾饶有兴味地写到，雪落在公园枯萎的草坪上，看着像砂糖腌的零食。这比喻有些新奇，我们不妨试想：细碎雪花在枯草间闪闪发光，看着的确像雪白糖霜。他有位朋友是果子老铺的店主，店里一味"最中"果子有些名气，芥川龙之介常给他去信，请他送一些来。大正十二年（1923 年），关东大地震造成巨大破坏，东京汁粉屋数量骤减，芥川龙之介感叹说，汁粉屋少了，对自己这样不喝酒的人是一大损失，对东京也是一大损失。

说到甜食，芥川龙之介似乎也开朗了许多。他爱各种甜食，最爱一味葛饼，尤其是龟户天神边上的老店"船桥屋"家的。

船桥屋初建于文化二年（1805 年），店址在平民聚集的江东区龟户 3 丁目，龟户天神社边上。龟户天神社供奉学问之神菅原道真，社内种了不少梅树和紫藤，初春初夏赏花人不断。第 1 代店主勘助是下总国（现千叶县北）船桥出身，下总是优质小麦产地，勘助来江户讨生活，决心靠小麦果子谋生。江户周边的川崎正流行一种"葛饼"，勘助试验无数次，摸索出诀窍：小麦淀粉发酵，过水滤去杂质和气味，再调入热水搅拌，蒸熟后制成弹牙的葛饼。为了滋味更好，他把葛饼切成菱形，再洒上炒过的豆粉和黑蜜提供给客人。

江户人爱新鲜，船桥屋葛饼的名声一传十十传百，成了龟户天神社的名吃。明治初期有本《大江户风流大比拼》，把饮食店分门别类做了排行榜。在甜食类别，"龟户葛饼·船桥屋"被定为"横纲"级，横纲是相扑最高级，可见船桥屋葛饼在时人眼中的地位。

船桥屋葛饼是小麦淀粉制作，与"葛"毫无关系，为何叫葛饼？关西地区有一种历史悠久的葛饼，模样味道都与船桥屋大不相同，它才是名副其实的葛饼。

野葛是山野自生的豆科植物，被列为秋七草之一，《万叶集》多有吟咏。野葛的根茎像山芋，人们挖出取粉，制成糕饼食用。关西葛饼就是葛根粉制作，质地滑韧，色泽透明，奈良时代便已出现。进入江户时代，葛饼早成为全国知名的吃食，实用型菜谱《料理物语》详细介绍了制法：葛根捣碎，用水洗去杂质，将沉淀的淀粉类物质干燥成葛根粉；再加水和砂糖熬制，加豆粉黑蜜食用。若觉得麻烦，直接买葛根粉水煮即可。葛饼样子晶莹剔透，吃着清爽弹牙，是深受喜爱的夏日美食。

那么，小麦淀粉的葛饼来自何处？江户晚期，川崎河原村的久兵卫遇见一件头疼事。一个风暴雨狂的夜晚，久兵卫家的仓库进了水，储存的小麦粉受潮，摸起来发黏，似乎不能吃了。久兵卫不舍得丢，将它们倒入大瓮暂存。翌年天候不顺，出现遍地饥馑的惨状，久兵卫想起仓库里的小麦粉，抱着一丝希望去看。放了一年，小麦粉已经发酵，一些淀粉沉在瓮底，黏糊糊的似乎能吃。久兵卫将发酵淀粉加水蒸熟，得到雪白的块状物。久兵卫试着吃了些，一切正常，没有中毒反应。他又请平间寺住持隆盛上人试吃，上人说滋味清淡，样子也风雅，是难得的吃食。上人从久兵卫名中取"久"字，再加一个寿字，合称"久寿饼"（くずもち）。久寿发音くず，正巧与"葛"发音相同，人们便把久寿饼和葛饼混为一谈了。船桥屋的葛饼是小麦淀粉发酵而成，与葛无关系，应该叫久寿饼才对。

葛饼也好，久寿饼也好，这味甜食是芥川龙之介的心头好。他中学时代沉默寡言，没什么朋友，总是独来独往。他常在体育课时偷偷溜出学校，一路跑到龟户天神社，在船桥屋吃一碗再回去。他在作品《本所两国》也写道："我们商量着，从天神社出来后，去船桥屋吃一吃葛饼。"芥川龙之介有不少作品，《本所两国》是难得的一部，全篇轻盈明快，与其他作品全不相似，也许是葛饼的功劳吧。在芥川龙之介痛苦的一生里，船桥屋可能是唯一的避风港。从少年时代开始，他常独坐在小桌前，不与任何人交谈，全心全意吃着面前的葛饼。洁白的菱形饼细腻软滑，带着豆粉的焦香和黑蜜的甘甜，吃着葛饼，他能暂时忘却那"朦胧的不安"，得到少有的平静。

除了芥川龙之介，也有不少喜爱船桥屋的文人，永井荷风、吉川英治都名列其中。文人大都爱甜食，加黑蜜的葛粉质朴有回味，和浓甜的羊羹各擅胜场。吉川英治也是知名作家，写作疲劳时喜欢用黑蜜抹面包吃，他试了多家甜食店，认为船桥屋的黑蜜味道最佳。吉川英治天性羞涩，不爱为人题字，因为黑蜜的缘分，他为船桥屋写了招牌，如今陈列在船桥屋附属的茶馆里，感兴趣的朋友不妨前去一观。

芥川龙之介内心的阴影太浓重，葛饼等甜食只是短暂的微弱光亮，照不到他内心深处。自杀前的两个半月，他在随笔《汁粉》中轻松地写道：汁粉美味，西洋人尝了也会喜欢，也许会像中国麻将牌一样，短时间内风靡世界。芥川龙之介还曾想象，在巴黎和纽约的咖啡馆里，金发碧眼的洋人小口啜着豆馅熬成的汁粉，是多么有趣的模样。单从这轻松语气看，作者丝毫不像要自杀的人。可他不久后自杀，服下的药是提前准备好的，可见早有寻死的心。

芥川龙之介死后半个多世纪，百年和果子老铺"虎屋"在

巴黎开了第一家店，店内有热腾腾的汁粉出售。如今又过去了
30 余年，从虎屋的销售数据来看，法国人似乎没有爱上汁粉，
芥川龙之介的想法还是过于乐观。好在他最爱的船桥屋依然健在，
葛粉制作依然沿用传统工艺，相信和从前一样美味。

店 铺 推 介

　　船桥屋：葛饼是和果子里唯一的发酵食品。船桥屋
葛饼选用上等小麦淀粉和乳酸菌，放在木樽中 450 日，
让淀粉自然发酵。专业匠人手工搅拌蒸熟，做出绵软
弹牙的特殊食感。葛饼制作使用木曾川水系自然水，
黑蜜以冲绳黑糖为基础，添入其他类砂糖调制而成，
是船桥屋独特的滋味。

　　地址：东京都江东龟户 3-2-14。